U0142699

神經信號生成

和傳導的物理模型理論

倪祖偉 著

五南圖書出版公司 印行

尼克森總統 1972 年訪華，當時開啓了許多電視報導的新活動。針刺麻醉外科手術的展示給我留下了深刻的印象。我對遠程控制從手術操作位置到大腦的神經疼痛信號的傳導物理原理感到非常困惑。在過去的半個世紀裡，我一直在想建立一個神經麻醉的基本物理模型來了解針刺麻醉的機制。然而，我的教育背景不是生物學—醫學，我從來沒有奢望能自我解決這些難題。

2008～2010 年我在陽明大學進行「生物醫用材料的偏振光學特性」研究計畫，結果證明了穆勒矩陣偏振技術在遙感和生物醫學組織鑑別方面的應用可行性。這段經歷使我得到了一個很好的機緣，將我的研究領域從純物理學轉向生物醫學。此外，在神經研究所連正章教授的一次生物學院演講中，我了解到傳播中的神經信號本質上是電的信號：動作電位。對我來說，就像我研究過的金屬、半導體和超導體一樣，神經元也是一種可用於電磁信號傳輸的材料。這是我進行「神經信號生成和傳播的物理模型理論」研究的動機。我非常感謝連教授的諮詢，他是幫助我進入神經學研究領域的關鍵人物。本書報告了我在 2015～2022 年的七年學習和研究成果。幸運的是，我也已研發出一個神經麻醉的基本物理模型來幫助我了解針刺麻醉的可能機制，它解決了我半世紀來的心中困惑。

「隔行如隔山」，將研究從純物理學轉變爲生物醫學領域的確非常困難。在 2015～2022 年期間，我研發用於研究神經信號傳播的物理模型確實是「摸著石頭過河」的經歷。與現有的霍奇金和赫胥黎理論不同，我的模型在數學上簡單而且具有微觀隨機統計物理學的基礎，常數值均可以實驗測定。我期望此模型應可能提供純物理學家和生物醫學專家之間的研究

橋樑，以增進未來對針刺麻醉機制和神經信號傳播的基本瞭解。

我要感謝連正章教授提供許多神經學的參考文獻和有價值的討論；感謝 2019 年吳述中博士與我對鈉泵和動作電位物理的寶貴討論；感謝我的外孫女游咸漪，教我使用谷歌翻譯軟體，我現在可以同時寫完這本書的英文和中文版本了。

倪祖偉

　　於 1968 年獲得美國馬里蘭大學固態物理學博士學位。目前是美國加利福尼亞州瑞其蒙市 Neopola Optical Analysis, Inc. 的首席執行官和高級科學家。曾擔任美國亞利桑那大學、臺灣國立臺灣大學、國立中央大學、國立清華大學和國立陽明大學的教授。1983～2006 年間，在美國加利福尼亞州中國湖的海軍空戰武器研究中心擔任研究物理學家。1981～1982 年，作為德國的亞歷山大・馮・洪堡研究員，訪問了慕尼黑科技大學。他的研究主題是 (1) 半導體、金屬、超導體和生物醫學組織的材料光學特性；(2) 應用於遙感和生物醫學的光電鑑別傳感器技術。在這些領域發表了大量的研發論文。最近十年，「神經元的電動物理性質」是他的新研究領域。1967 年至今，為美國物理學會的會員。2015 年獲中華民國時空論壇協會頒授臺大物理系優良教師獎。

　　民國 46 年在我進入臺灣大學物理系前，成功大學歷史系吳振芝教授在我的台南一中畢業同學錄師友贈箋頁所書：「智慧之寶藏無窮盡，運用之巧妙在一心。」乃我畢生從事物理研究的動力，也是本書《神經信號生成和傳導的物理模型理論》的七年學習和研究之原動力。在此特別感謝吳振芝教授早年的勉勵。

倪祖偉

民國 112 年 2 月

於 Richmond, California, U.S.A

第 1 章	導　言

　　近 70 年來，神經系統的電脈衝傳導特性得到了廣泛的研究 [1-7]。在神經系統中傳遞的電神經信號被描述爲由神經細胞（神經元）產生和傳導的「動作電位」（尖峰或脈衝）。霍奇金和赫胥黎動作電位模型 [2] 已被廣泛用於新實驗數據的解釋和研究。然而，2002 年 Meunier 和 Segev 提出了霍奇金和赫胥黎理論的局限性和有用性 [8]。首先，爲了擬合離子（K^+ 和 Na^+）電導的測量數據，有兩個經驗參數被假定：活化 $n(t)$ 和失活 $h(t)$〔參考文獻 (2) 的程式 (6) 和 (14)〕。H-H 方程式是基於經驗的，而不是建立在可興奮神經元膜的微觀物理性質的描述。原始的 H-H 模型應該被修改以適應微觀現實和普遍的多離子神經元系統。其次，膜離子系統具有高度散射性，H-H 方程式亦無法解釋離子通道雜訊。因此，需要一種新的微觀隨機統計物理模型來解釋和理解實驗測量數據。爲神經膜的電導和動作電位開發一種新的物理模型是本書的主要目標。我們的新理論將避免H-H 經驗模型的上述兩個主要限制。

　　電滲（*Electroosmosis*）是帶電液體在電場的影響下從多孔材料或生物膜中流出或穿過的移動現象。1974 年本書作者推導了電滲的基本粘性離子電動力學方程式 [9]。離子擴散電流得到了很好的考慮。作爲該理論的自然應用，在第 2 章和第 3 章中，將研發一個基於微觀物理的膜模型，用於研究單個電壓門控離子通道的電離子電導 $G(t)$ 和膜電流 $J(t)$。平衡情況下的能斯特方程式在第 4 章中推導出來。第 5 章闡述了在外部施加靜態電場下的一般形式。

　　在第 6 章和第 7 章中，開發了動作電位產生的基本物理模型。包括電動和非電動的外力源。研究了非局部（瞬態）的電導率效應。推導了單離子門控通道動作電位產生的公式。考慮了離子布朗運動（雜訊）所引起的

離子頻率相關電導率和擴散係數[10]。推導了用於電阻電流的延展 Drude 模型和用於電容電流的諧波振盪器模型的物理方程式。第 8 章和第 9 章中，它被用於重新擬合 1952 年 K^+ 和 Na^+（參考文獻 2）的電導實驗數據。第 10 章研究了三離子電壓門控通道的動作電位程式。在第 11 章中，該程式被用於擬合 Na^+ 的動作電位實驗數據（參考文獻 7）。在第 12 章和第 13 章中，研究了神經元信號傳播的多介質效應。在第 14 章中，研發了一個物理模型來研究局部和針刺麻醉現象的基本物理學。摘要和結論見第 15 章。

第2章　電壓門控單離子通道的基本電導率

神經有四大主要功能：

(1) 對應任何外力傳入的資訊，產生神經信號。

(2) 將信號從我們的感覺器官傳送到中樞神經系統（大腦和脊髓）。

(3) 將資訊從中樞神經系統傳遞到肌肉和其他器官。

(4) 在中樞神經系統內傳遞和處理信號。

信號本質上是電脈衝（電流和電壓）。神經傳導是神經細胞攜帶的電信號的總稱。

神經細胞通常被稱爲神經元。神經元的內部和外部都是各種鹽（NaCl, KCl.., 等）的水溶液。神經元被表面區域（膜）包圍。它將細胞（神經元）的內部和外部區域分開。這種半透膜在內部和外部具有不同濃度的離子（Na^+, K^+, Cl^-, ...）。擴散效應使它們向不同的方向移動，在膜壁上產生的正電荷或負電荷以及相應電壓。膜是具有兩個表面（膜壁）的區域：內表面和外表面。兩個表面之間的電壓差 V_m 稱爲膜電位。

$$V_m = V_i - V_o \qquad (2\text{-}1)$$

V_i 和 V_o 分別是內表面和外表面的電位。我們假設 V_i 和 V_o 等於神經元細胞內外的電位。由於 $V_i \neq V_o$, $V_m \neq 0$。當神經元處於靜止狀態時，$V_m = V_{rest} \neq 0$. V_{rest} 是靜止電位。穿過膜的所有離子電流密度 J_j 都消失了。

$$J_j = 0 \text{ for } j = Na^+, K^+, Cl^-, \cdots. \qquad (2\text{-}2a)$$

$$J_{rest} = \Sigma_j J_j = 0 \qquad (2\text{-}2b)$$

沒有觀察到穿過膜的總電流。對於典型的動物細胞膜，$V_m = V_{rest} \approx -70mV$ < 0，因此，$V_i < V_o$。電池內部相對於外部具有負電壓（$V_m < 0$）。

　　當神經元不處於靜止狀態時，$J_j \neq 0$。電壓差 $V_m(t)$ 與時間有關且不等於 V_{rest}。離子門控通道電壓 V(t) 定義爲以下關係。

$$V(t) = V_m(t) - V_{rest} \neq 0 \tag{2-3}$$

如圖 2-1 所示，存在電阻 (R) 電流和電容 (C) 電流。總電流密度爲

$$J(t) = \Sigma_j J_{Rj}(t) + J_C(t) \neq 0 \tag{2-4}$$

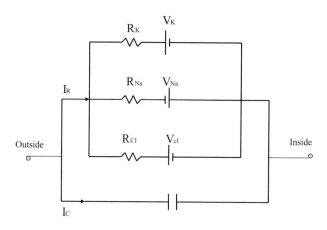

2-1圖　神經元膜電導的基本電路

　　對於本書中的定量研究，如附錄 A 中所述，有效電導定義爲

$$\mathcal{G}(t) = -\frac{J(t)}{V(t)} \tag{2-5a}$$

為方便起見，選擇 V(t) 以 mV 為單位。$\mathcal{G}(t)$ 的單位為 $sec^{-1}cm^{-1}$ 或 m.mho cm^{-2}。他們彼此是相關的。

$$\mathcal{G}(t)(sec^{-1}cm^{-1})\frac{1}{9}\times10^{-8} = \mathcal{G}(t)(m.mho\ cm^{-2}) \tag{2-5b}$$

$$\mathcal{G}(t) = \Sigma_j\mathcal{G}_{Rj}(t) + \mathcal{G}_C(t). \tag{2-6a}$$

$\mathcal{G}_{Rj}(t)$ 和 $\mathcal{G}_C(t)$ 分別是由電阻和電容電流引起的電導。電流 $J_{tot}(t)$ 由外力源 $F_{ext}(t)$ 產生，該外力源包括電源和非電源。如附錄 A 中的微觀推導，

$$J(t) = \int_{-\infty}^{t} dt'\sigma(t-t')E_{tot}(t') = -\frac{1}{L}\int_{-\infty}^{t} tdt'\sigma(t-t')V_{tot}(t') \tag{2-7a}$$

$$V_{tot}(t) = V_e(t) + V_{ne}(t) \tag{2-7b}$$

$$V_{tot}(t) = -LE_{tot}(t) = -L\frac{1}{q}F_{ext}(t) \tag{2-7c}$$

$\sigma(t)$ 是介質的動態電導率。在靜態情況下，J 和 V_{tot} 是與時間無關的。

$$J = \sigma_o E_{tot} = -\sigma_o\frac{1}{L}V_{tot} \tag{2-8}$$

σ_o 是靜電導率。在非靜態情況下，動態電流 J(t) 將是沿平行於膜表面平面的方向（z 軸）傳播的橫向電磁波 E(z, t) 的起源。它的運動方程式可以從麥克斯韋方程式推導出來

$$\frac{\partial^2}{\partial z^2}E(z,t) - \frac{\varepsilon}{c^2}\frac{\partial^2}{\partial t^2}E(z,t) = \frac{4\pi}{c^2}\frac{\partial}{\partial t}tJ(z,t) \tag{2-9}$$

e 是傳播介質的介電常數。使用以下 J(z, t) 的簡單模型，E(z, t) 可在附錄 B 中求解。

$$J(z, t) = G_o exp(-\frac{z^2}{\Delta z^2})g(t) \tag{2-10a}$$

$$J_{tot}(t) = J(0, t) = G_o g(t) \tag{2-10b}$$

$z = 0$ 位置，$E(0, t) \approx \frac{1}{\Sigma} J(0, t)$ \hfill (2-11a)

$$\Sigma = \frac{\varepsilon}{4\pi^{5/2}\tau}t \tag{2-11b}$$

$$\tau = \frac{\Delta z}{v} \tag{2-11c}$$

有效電位 $V_{eff}(t)$ 被定義為 $E(0, t)$ 產生的電壓。

$$V_{eff}(t) = V(0, t) \approx -L\frac{1}{\Sigma_o}J(0, t) \tag{2-12}$$

從等式 (2-7a) 和 (2-8)，源極電位 $V_{tot}(t)$ 產生電流 $J_{tot}(t)[=J(0, t)]$，然後產生電壓 $V_{eff}(t)$ 的有效電場。離子門控通道電壓 $V(0, t)$ 是由於存在電流 $J_{tot}(t)$ [eq. (2-12)] 而產生。

從等式 (2-3) 動態膜電位 $V_m(t)$ 定義為動作電位 $V_{ac}(t)$[1, 2]。

$$V_m(t) = V_{rest} + V(t) = V_{rest} + V_{eff}(t) = V_{ac}(t) \tag{2-13}$$

當神經元不處於靜止狀態時，神經元會沿著軸突發送信息 [$V_m(t) = V_{ac}(t)$] 離開細胞體。

如 2-1 圖和方程式 (2-4) 所示，電阻和電容貢獻的電流密度和電導率在第 6 章和附錄 C、D 中推導出。

第 3 章

電壓門控單離子通道模型

神經元膜是一種由絕緣分子和帶電離子組成的導電材料。如圖 3-1 所示，我們考慮具有多電荷（Na⁺, K⁺, Cl⁻）離子體的模型膜。每個帶電離子都以高粘度（擴散）移動。為簡單起見，我們在本節首先研究單電荷等離子體的特性。總電阻電導率將是由於所有離子成分等離子體〔第 2 章〕的代數和。

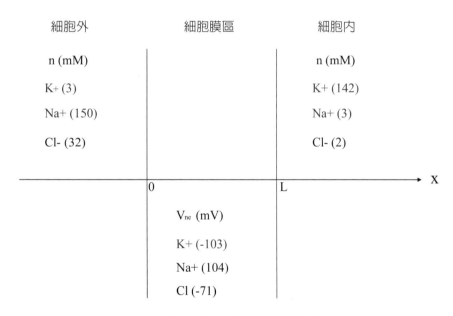

3-1圖　用於研究的模型傳導通道坐標

我們考慮單鹽粘性等離子體模型：A⁺ 或 B⁻，每個離子的電荷 $q = +e$（> 0）或 $-e$（< 0）。它們位於厚度為 L 的膜中。如圖 3-1 所示，選擇 x 軸垂直於膜平面，從組織的外部指向內部。離子密度 $n(x, t)$ 和電場 $E(x, t)$ 由 Poisson 方程式相關聯。

$$\frac{\partial}{\partial x}E(x, t) = 4\pi\eta\varepsilon_c e\, n(x, t), \tag{3-1}$$

$$q = \eta e, \quad \eta = \frac{q}{|q|}. \tag{3-2}$$

ε_c 是非導電分子的介電常數。膜的電容與 ε_c 成正比。正如在參考文獻 [9] 中得出的那樣，在可以忽略流體對流的電滲情況下，電流密度爲

$$J_e(x, t) = \frac{e^2}{\zeta}n(x, t)E(x, t) - \eta\frac{k_B Te}{\zeta}\frac{\partial}{\partial x}n(x, t). \tag{3-3a}$$

ζ 是離子粘性係數，T 是絕對溫度。公式 (3-3a) 的第二項是擴散電流密度。擴散係數爲

$$\mathcal{D} = \frac{k_B T}{\zeta}. \tag{3-3b}$$

方程式 (3-1) 和 (3-3a) 形成一個完整的方程組來確定三個物理性質 $n(x, t)$，$J_e(x, t)$ 和 $E(x, t)$。穿透膜的厚度爲 L，平均電場爲

$$E(t) = \frac{1}{L}\int_0^L dx E(x, t). \tag{3-4a}$$

跨膜的總電位爲

$$V(t) = -E(t)L = -\int_0^L dx E(x, t). \tag{3-4b}$$

第 4 章

能斯特均衡狀態

在沒有外加電場的情況下（神經元處於靜止狀態），沒有電流($J_e = 0$), $n = n_o(x)$ 和 $E = E_o(x)$ 與時間無關。從方程式 (3-3a) 和 (3-1)，

$$\frac{e^2}{\zeta} n_o(x)E_o(x) - \eta\frac{k_BTe}{\zeta}\frac{\partial}{\partial x} n_o(x) = 0, \tag{4-1a}$$

$$\frac{\partial}{\partial x}E_o(x) = 4\pi\eta\varepsilon_c e\, n_o(x) \tag{4-1b}$$

假設 $n_o(0) = n_1$, $n_o(L) = n_2$。n_1 和 n_2 是離子流體的基本性質。我們定義長度參數 Δx 爲

$$\Delta x = \sqrt{\frac{k_BT}{2\pi\varepsilon_c e^2 n_1}}. \tag{4-2}$$

方程式(4-1a)和(4-1b)可以解析求解。對於$0 < x < L$，有兩種獨立的情況：
情況 $1：n_2 > n_1, \Delta x > L.$

$$n_o(x) = n_1\frac{(\Delta x)^2}{(\Delta x - x)^2}, \tag{4-3a}$$

$$E_o(x) = \eta 4\pi\varepsilon_c e n_1\frac{(\Delta x)^2}{\Delta x - x}. \tag{4-3b}$$

$$\Delta x = L\frac{\sqrt{n_2}}{\sqrt{n_2} - \sqrt{n_1}}, \tag{4-3c}$$

$$E_o(x) = \eta\frac{1}{\Delta x - x}\frac{2k_BT}{e} \tag{4-3d}$$

$$\frac{n_2}{n_1} = \frac{(\Delta x)^2}{(\Delta x - L)^2} \tag{4-3e}$$

使用等式 (4-1b)，跨膜的總本徵電位為

$$V_{ne} = - E_{ne}L = - \eta \frac{k_BT}{e}\ln\frac{n_2}{n_1}. \tag{4-3f}$$

情況 2：$n_2 < n_1$, $\Delta x < L$。

$$n_o(x) = n_1 \frac{(\Delta x)^2}{(\Delta x + x)^2}, \tag{4-4a}$$

$$E_o(x) = - \eta 4\pi e\varepsilon_c e n_1 \frac{(\Delta x)^2}{\Delta x + x} \tag{4-4b}$$

$$\Delta x = L\frac{\sqrt{n_2}}{\sqrt{n_1} - \sqrt{n_2}}, \tag{4-4c}$$

$$E_o(x) = -\eta \frac{1}{\Delta x + x} \frac{2k_BT}{e} \tag{4-4d}$$

$$\frac{n_2}{n_1} = \frac{(\Delta x)^2}{(\Delta x + L)^2} \tag{4-4e}$$

使用等式 (4-1b)，跨膜的總本徵電位為

$$V_{ne} = - E_{ne} L = -\eta \frac{k_BT}{e}\ln\frac{n_2}{n_1}. \tag{4-4f}$$

E_{ne} 和 V_{ne} 分別是能斯特平衡電場和電位。V_{ne} 滿足相同形式的 Nernst 方程式 [(4-3f), (4-4f)]。方程式 (4-3), (4-4) 是確定基本物理性質的基本關係。對於給定的 ε_c，基於 4 個已知參數，可以應用以下四種數值情況進行數據分析。

　　情況 A：Δx, L, V_{ne} 由已知的 T, n_1, n_2, η 確定

　　情況 B：Δx, n_2, V_{ne} 由已知的 T, n_1, L, η 確定。

　　情況 C：T, Δx, L 由已知的 V_{ne}, n_1, n_2, η 確定。

　　情況 D：Δx, n_2, T 由已知的 V_{ne}, n_1, L, η 確定。

選擇 T, L, n_1 和 η（情況 B）為 K^+, Na^+ 和其他離子為數值建模以分析確定基本屬性，結果如下。

$$\Delta x = \sqrt{\frac{k_B T}{2\pi\varepsilon_c e^2 n_1}}. \tag{4-2}$$

情況 1：$n_2 = n_1 \left(\frac{\Delta x}{\Delta x - L}\right)^2 > n_1$ $\tag{4-3e}$

$$\Delta x = L\frac{\sqrt{n_2}}{\sqrt{n_2} - \sqrt{n_1}} > L \tag{4-3c}$$

$$V_{ne} = -\eta\,\frac{k_B T}{e}\,\ln\frac{n_2}{n_1}. \tag{4-3f}$$

情況 2：$n_2 = n_1 \frac{(\Delta x)^2}{(\Delta x + L)^2} < n_1$ $\tag{4-4e}$

$$\Delta x = L\frac{\sqrt{n_2}}{\sqrt{n_1} - \sqrt{n_2}} < L, \tag{4-4c}$$

$$V_{ne} = -\eta\frac{k_B T}{e}\ln\frac{n_2}{n_1}. \tag{4-4f}$$

方程式 (4-2-4-4f) 是確定基本物理性質的基本關係。我們將使用以下方法進行數值分析。對於已知的 ε_c, T, L, n_1 和 η, Δx(4-2), n_2[(4-3e)/4-4e)], V_{ne}[(4-3f/4-4f)] 確定。如圖 2-1 所示，本文選取一個模型進行數值分析：T=310 K, L=1.08 nm, ε_c = 1.013，數值結果列於表 4-1。其餘電位是三個離子成分的 V_{ne} 之和。V_{rest} = –70 mV(–103 + 104 – 71）。該模型膜的單位面積電容經計算為 0.826 μf cm^{-2}。η = 1 和 –1 時的 V_{ne} 與 n_2/n_1[(4-3f), (4-4f)] 計算結果曲線顯示在圖 3 中。K^+, Na^+ 和 Cl^- 的數據已標記在表 4-1 中。

4-1表

離子通道	K^+	Na^+	Cl^-
η	1	1	–1
n_1(mM)	3	150	32
n_2(mM)	142	3	2
n_2/n_1	47.3	0.02	0.07
V_{ne}(mV)	–103	104	–71
$\Delta x/L$	1.17	0.165	0.358

選擇 $T = 310$ K, $\varepsilon_c = 1.0123$, $L = 1.08$ nm. $\eta = 1$ 和 –1 時的 V_{ne} 對 n_2/n_1 曲線〔等式 (4-7)-(4-9c)〕計算並顯示在圖 4-1 中。K^+, Na^+ 和 Cl^- 的數據如 4-1 所示。

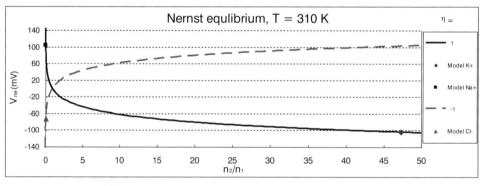

4-1圖　$T = 310$ K, $\eta = 1$和–1時V_{ne}與n_2/n_1的關係曲線

(4-1a) 中的兩項分別是由電場 E_o 和擴散引起的電流 $J_{eo}(x)$ 和 $J_{do}(x)$。

$$J_{eo}(x) = \frac{e^2}{\zeta} n_o(x) E_o(x) \qquad (4\text{-}5a)$$

$$J_{do}(x) = -\eta \frac{k_B Te}{\zeta} \frac{\partial}{\partial x} n_o(x) = -J_{eo}(x) \qquad (4\text{-}5b)$$

$$\sigma_{eo}(x) = \frac{e^2}{\zeta} n_o(x) \qquad (4\text{-}5c)$$

$\sigma_{eo}(x)$ 是產生 $J_{eo}(x)$ 的有效電導率。作為一個數值示例，我們假設對於 K^+, $\zeta = 0.34$ g/s（與第 9 章中的數據相同）。$n_o(x)$, $E_o(x)/E_a$ 的計算結果如圖 4-2 所示。$E_a = 110.1 \dfrac{g^{1/2}}{sec\ cm^{1/2}}$。

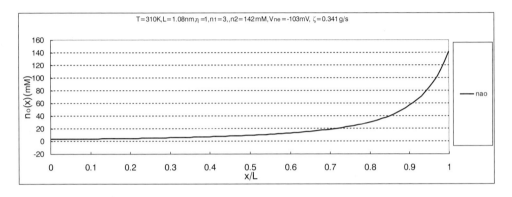

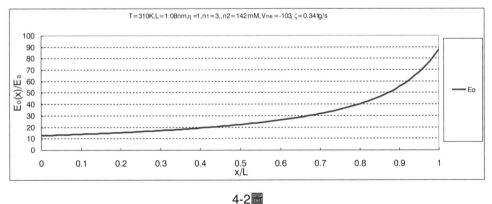

4-2圖

(4-1a) 中的兩項分別是由電場 E_o 和擴散引起的電流 $J_{eo}(x)$ 和 $J_{do}(x)$。使用 eq. (4-5b) 計算的結果如圖 4-3 所示。

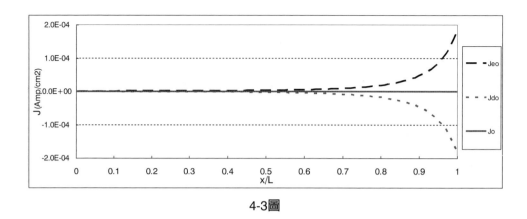

4-3圖

$\sigma_{eo}(x)$ 如圖 4-4 所示。

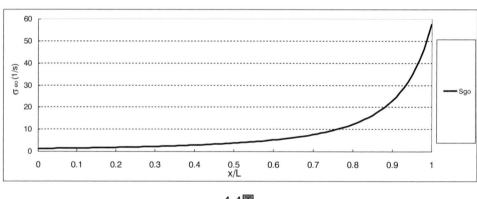

4-4圖

第 5 章

靜態離子門控通道電壓

當跨膜的靜態離子門控通道電壓 V_{ext} 存在時，

$$E(x) = E_o(x) + \Delta E(x). \tag{5-1a}$$

$$n(x) = n_o(x) + \Delta n(x), \tag{5-1b}$$

$\Delta E(x)[\Delta n(x)]$ 是由 V_{ext} 引起的膜內感應電場（離子密度）$[0 < x < L]$。跨膜的總電位為

$$V = -\int_0^L dx E(x) = V_{ne} + V_{ext}, \tag{5-2a}$$

$$V_{ext} = -\int_0^L dx \Delta E(x) \tag{5-2b}$$

將 (5-1a), (5-2b) 代入 (3-1) 和 (3-3a)，並使用方程式 (4-1a), (4-1b)，我們得到

$$J_e(x) = \frac{e^2}{\zeta}\{\Delta n(x)E_o(x) + n_o(x)\Delta E(x) + \Delta n(x)\Delta E(x) - \eta\frac{k_BT}{e}\frac{\partial}{\partial x}\Delta n(x)\}. \tag{5-3a}$$

$$\frac{\partial}{\partial x}\Delta E(x) = 4\pi\eta\varepsilon_c e\Delta n(x) \tag{5-3b}$$

設定 $n_o(x)$, $E_o(x)$ [(4-3a), (4-3b), (4-4a), (4-4d)]。(5-3a) 和 (5-3b) 可用以下邊界關係求解：

$$n(0) = n_o(0) = n_1, \qquad n(L) = n_o(L) = n_2, \tag{5-4a}$$

$$\Delta n(0) = \Delta n(L) = 0, \tag{5-4b}$$

$$J_e(0) = J_e(L) = J_e. \tag{5-4c}$$

對於設定的 $V_{ext}(= -E_{ext}L)$ 並使用 (5-4b)，我們使用以下數學上簡單的模型。

$$\Delta n(x) = A\, f(x, L, a) \tag{5-5a}$$

$$f(x, L, a) = 1 - \exp(-\frac{x}{aL}) - \exp(-\frac{L-x}{aL}) + \exp(-1/a) \tag{5-5b}$$

$\Delta E(x)$ 可由方程式 (5-3b) 求解。我們得到以下結果：

$$\Delta n(x) = \eta\, \frac{1}{2\pi eL}\, \rho(\varepsilon_c, T, L, a) f(x, L, a) E_{ext} \tag{5-6a}$$

$$\Delta E(x, t) = E_{ext}\{1 - \varepsilon_c\rho(\varepsilon_c, T, L, a)\{[1 + \exp(-1/a)](1 - 2\frac{x}{aL})$$

$$+ 2a[\exp(-\frac{x}{aL}) - \exp(-\frac{L-x}{aL}]\}\} \tag{5-6b}$$

$$\rho(\varepsilon_c, T, L, a) = \frac{n_1 - n_2}{\{[1 + \exp(-1/a)] - a[1 - \exp(-1/a)]\}\varepsilon_c(n_2 + n_1) + \frac{k_B T^1}{\pi e^2 L^2 a}[1 - \exp(-1/a)]}$$

$$\tag{5-6c}$$

然後從方程式 (5-3a), (5-6a) 和 (5-6b) 求解靜態電流。

$$J_e = \sigma_o E_{ext} \tag{5-6d}$$

$$\sigma_o = \frac{e^2}{2\zeta}\{(n_2 + n_1) + \varepsilon_c(n_2 - n_1)\rho(\varepsilon_c, T, L, a)[(1 + \exp(-1/a)) - 2a(1 - \exp[-(1/a))]\}$$

$$\tag{5-6e}$$

σ_o 是靜電離子電導率。如第 4 章所示，σ_o 包括兩部分：電動和擴散。(5-6e) 方程式可以改寫為

$$\sigma_o = \sigma_{oo} + \sigma_D \qquad (5\text{-}7a)$$

$$\sigma_{oo} = \frac{e^2}{2\zeta}[\frac{PN_p^2 + QN_m^2}{PN_p}] \qquad (5\text{-}7b)$$

$$\sigma_D = -\frac{e^2}{2\zeta}\frac{QN_m^2}{PN_p}\frac{N_d}{PN_p + N_d} \qquad (5\text{-}7c)$$

我們重新定義了以下參數。

$$P = \{[1 + \exp(-1/a)] - a[1 - \exp(-1/a)]\}\varepsilon_c \qquad (5\text{-}8a)$$

$$Q = \{[1 + \exp(-1/a)] - 2a[1 - \exp(-1/a)]\}\varepsilon_c \qquad (5\text{-}8b)$$

$$N_m = n_1 - n_2 \qquad N_p = n_1 + n_2 \qquad (5\text{-}8c)$$

$$N_d = \frac{\mathcal{D}\zeta}{\pi e^2 L^2}\frac{1}{a}[1 - \exp(-1/a)] \qquad (5\text{-}8d)$$

$$\mathcal{D} = \frac{k_B T}{\zeta}. \qquad (5\text{-}8e)$$

$\mathcal{D}$ 是擴散常數 (3-3b）。

A. K^+ 在膜中的性質，$0 < x < L$：

選擇 a = 0.001，對於 V_{ext} = 0, –19, –38, –63, –88 和 –109 mV，計算 n(x) [K+, Na+, Cl-] 與 x/L 的關係。結果如 5-1a 圖所示。計算 $E(x)/E_o$，$J_e(x)$ 與 x/L 的關係並顯示在 5-1b, 5-1c 圖中。請注意，V_{ext} = 0 是 Nernst 均衡情況 1[(4-3a), (4-3b), (4-4a), (4-4d)]。參數如表 5-1 所示。它們的選擇與第 9 章相同，其中擬合了 K^+ 電導實驗數據 [2]。

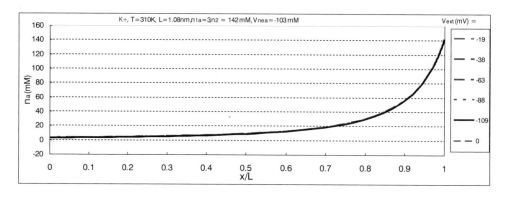

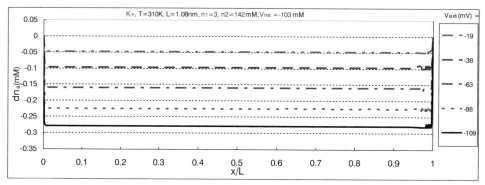

5-1a圖

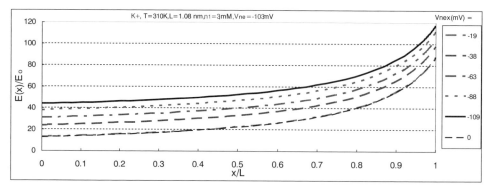

5-1b圖

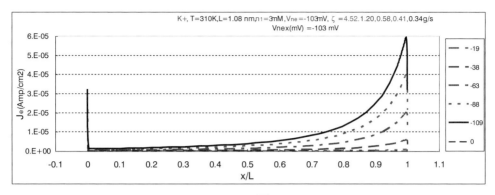

5-1c圖

5-1表

K+	Exp A	ExpC	ExpE	ExpG	ExpJ
T(K)	310	310	310	310	310
n_1(mM)	3	3	3	3	3
η	1	1	1	1	1
L(cm)	1.085E-07	1.085E-07	1.085E-07	1.085E-07	1.085E-07
ε_c	1.013E+00	1.013E+00	1.013E+00	1.013E+00	1.013E+00
n_2(mM)	1.418E+02	1.418E+02	1.418E+02	1.418E+02	1.418E+02
Δx/L	1.17E+00	1.17E+00	1.17E+00	1.17E+00	1.17E+00
Δx(cm)	1.27E-07	1.27E-07	1.27E-07	1.27E-07	1.27E-07
V_{ne}(mV)	-1.03E+02	-1.03E+02	-1.03E+02	-1.03E+02	-1.03E+02
a	0.001	0.001	0.001	0.001	0.001
ζ_a(g/s)	3.41E-01	4.10E-01	5.79E-01	1.20E+00	4.52E+00
σ_a(1/sec)	2.90E+01	2.42E+01	1.71E+01	8.28E+00	2.19E+00
D_a(cm2/sec)	1.25E-13	1.04E-13	7.40E-14	3.57E-14	9.48E-15
V_a(mV)	-109	-88	-63	-38	-19

B. Na^+ 在膜中的性質，$0 < x < L$：

對於 Vext = 0, –19, –38, –63, –88 和 –109 mV，計算並顯示了 n(x)/no、E(x)/Eo, Je(x)/Jeo vs. x/L 在圖 5-2a, 5-2b, 5-2c 中。常數 n_o, V_{ne} 列於表 4-1 中。請注意，$V_{ext} = 0$ 是 Nernst 均衡情況 2[(4-4b), (4-4f)]。參數如表 5-2 所示。它們的選擇與第 8 章相同。其中擬合了 Na+ 電導實驗數據 [2]。

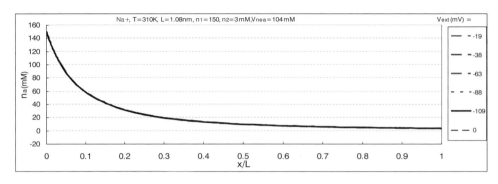

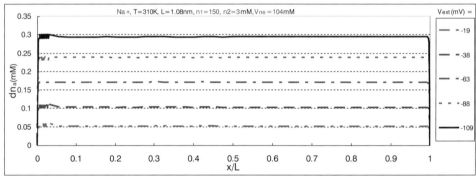

5-2a圖

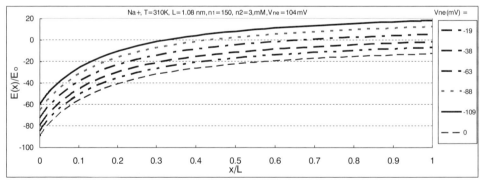

5-2b圖　\m20i3\mba_Ea

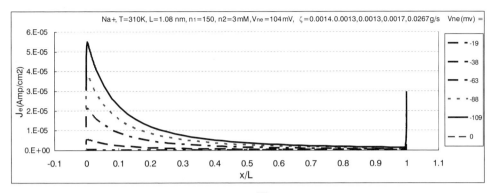

5-2c圖

5-2表

Na+	Exp A	ExpC	ExpE	ExpG	ExpJ
T(K)	310	310	310	310	310
n_1(mM)	150	150	150	150	150
η	1	1	1	1	1
L(cm)	1.085E-07	1.085E-07	1.085E-07	1.085E-07	1.085E-07
ε_c	1.013E+00	1.013E+00	1.013E+00	1.013E+00	1.013E+00
n_2(mM)	3.024E+00	3.024E+00	3.024E+00	3.024E+00	3.024E+00
$\Delta x/L$	1.65E-01	1.65E-01	1.65E-01	1.65E-01	1.65E-01
Δx(cm)	1.80E-08	1.80E-08	1.80E-08	1.80E-08	1.80E-08
V_{ne}(mV)	1.04E+02	1.04E+02	1.04E+02	1.04E+02	1.04E+02
a	0.001	0.001	0.001	0.001	0.001
ζ_a	3.93E-01	4.52E-01	5.85E-01	1.37E+00	2.06E+01
σ_a(1/sec)	2.66E+01	2.32E+01	1.79E+01	7.63E+00	5.09E-01
D_a(cm2/sec)	1.09E-13	9.48E-14	3.12E-15	3.12E-14	2.08E-15
V_a(mV)	-109	-88	-109	-38	-19

C. Cl⁻ 在膜中的性質，$0 < x < L$：結果顯示在圖 5-3a, 5-3b, 5-3c 中。參數如表 5-3所示。它們的選擇與 K⁺ 接受不同的輸入數據n_1, n_2和η的選擇。

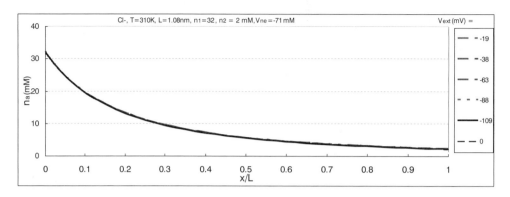

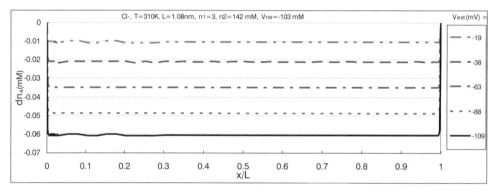

5-3a圖

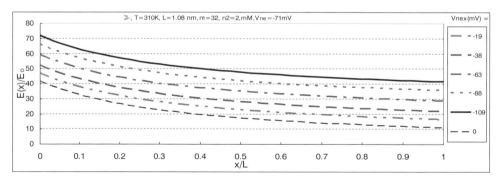

5-3b圖

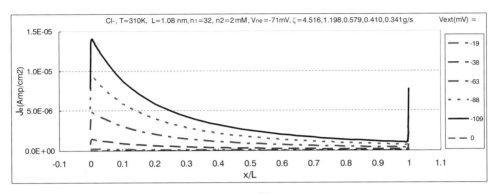

5-3c圖

5-3表

Cl-	Exp A	ExpC	ExpE	ExpG	ExpJ
T(K)	310	310	310	310	310
n_1(mM)	32.1	32.1	32.1	32.1	32.1
η	-1	-1	-1	-1	-1
L(cm)	1.085E-07	1.085E-07	1.085E-07	1.085E-07	1.085E-07
ε_c	1.013E+00	1.013E+00	1.013E+00	1.013E+00	1.013E+00
n_2(mM)	2.229E+00	2.229E+00	2.229E+00	2.229E+00	2.229E+00
$\Delta x/L$	3.58E-01	3.58E-01	3.58E-01	3.58E-01	3.58E-01
Δx(cm)	3.88E-08	3.88E-08	3.88E-08	3.88E-08	3.88E-08
V_{ne}(mV)	-7.13E+01	-7.13E+01	-7.13E+01	-7.13E+01	-7.13E+01
a	0.001	0.001	0.001	0.001	0.001
ζ_a(g/s)	3.41E-01	4.10E-01	5.79E-01	1.20E+00	4.52E+00
σ_a(1/sec)	6.98E+00	5.80E+00	4.11E+00	1.99E+00	5.27E-01
D_a(cm2/sec)	1.25E-13	1.04E-13	7.40E-14	3.57E-14	9.48E-15
V_a(mV)	-109	-88	-63	-38	-19

第 6 章

單離子門控通道生成的動作電位

如圖 6-1 所示，當神經元膜被放置在平行板上時，連接到外加電壓 V_{ext} 的電池。從等式 (2-3) 知，膜電位為

$$V_m(t) = V_{rest} + V_{ext}(t). \tag{6-1}$$

總電流為

$$I(t) = I_R(t) + I_C(t) \tag{6-2a}$$

電阻電流 I_R 是由全體離子（K^+, Na^+...）導電產生的電流。總電阻是

$$R = \frac{1}{\sigma_o} \frac{L}{A} \tag{6-2b}$$

σ_o 是靜態電導率。電容電流 I_C 是由膜的非導電分子引起的。總電容 C 的定義為

$$C = \frac{\varepsilon_c}{4\pi} \frac{A}{L} \tag{6-2c}$$

ε_c 為靜態介電常數。

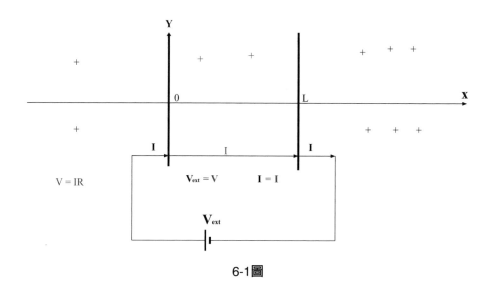

6-1圖

在 $V_{ext}(t) = $ 常數 $\neq 0$ 的穩定情況下，$J(t)$ 也將是非零常數。

$$J = \sigma_o E_{ext} \tag{6-3}$$

靜態靜電離子電導率 σ_o 在第 5 章中求解（公式 5-6e）。對於非穩態情況，$V_{ext}(t)$ 和 $J(t)$ 是時間相關的函數。由於離子系統是擴散性的，歐姆的電導率公式為 (6-3) 應該推廣到時間積分形式[10, 11, 12]。總電流密度 $J(t)$ 與 $V_{ext}(t)$ 的關係如下：

$$J(t) = \int_{-\infty}^{t} dt'\sigma(t - t')E_{ext}(t') = -\frac{1}{L}\int_{-\infty}^{t} dt'\sigma(t - t')V_{ext}(t') \tag{6-4a}$$

$$\sigma(t) = \sigma_R(t) + \sigma_C(t) \tag{6-4b}$$

$$J(t) = J_R(t) + J_C(t) \tag{6-4c}$$

$$J_R(t) = -\frac{1}{L}\int_{-\infty}^{t} dt'\sigma_R(t - t')V_{ext}(t') \tag{6-4d}$$

如附錄 B 中所推導出的，我們為電流 J(z, t) 的空間分佈選擇了一個簡單模型 [eq.(B-7)]。J(z, t) 產生的有效動作電位 $V_{eff}(t)$ 為

$$V_{eff}(t) = -\frac{L}{\Sigma_o} < J(0, t)> \tag{6-5a}$$

$$<J(0, t)> = \frac{2}{\sqrt{\pi}} \int_0^\infty xJ(0, t - \tau_o x)\exp(-x^2) \tag{6-5b}$$

$$\Sigma = \frac{\varepsilon_c}{4\pi^{5/2}\tau_o} \tag{6-5c}$$

$$\tau_o = \frac{\Delta z}{v} \tag{6-5d}$$

Σ 是有效靜電電導率。τ_o 是與平行於神經元膜表面的橫波傳播 [E(z, t)] 相關的有效時間常數。c 是光速，Δz 是我們模型的空間範圍常數（附錄 B）。由於 J(0, t) 中的 $t \approx 1$ ms，如果方程中 (6-5b) 的 $\tau_o x \ll 1$，$J(0, t - \tau_o x) \approx J(0, t)$。從等式 (6-5a)，

$$V_{eff}(t) \approx -\frac{L}{\Sigma}J(0, t) \tag{6-5e}$$

在不失去對基本物理效應的理解的情況下，我們將使用近似值公式 [(6-5e)] 用於數值計算 $V_{eff}(t)$。正如附錄 C 中導出的那樣，我們使用擴展的 Drude 模型電導率來計算電阻電流 [10]。公式如下。

$$\sigma_R(t) = \mathcal{P}_1 \sigma^{(1)}(t, \tau) + \mathcal{P}_2 \sigma^{(2)}(t, \tau) + \mathcal{P}_3 \sigma^{(3)}(t, \tau) \tag{6-6a}$$

$$\mathcal{P}_1 + \mathcal{P}_2 + \mathcal{P}_3 = 1. \tag{6-6b}$$

$$\sigma^{(1)}(t, \tau) = \sigma_o\frac{1}{\tau}\exp(-\frac{t}{\tau})\Theta(t), \tag{6-6c}$$

$$\sigma^{(2)}(t, \tau) = \sigma_o\frac{1}{\tau}\frac{t}{\tau}\exp(-\frac{t}{\tau})\Theta(t), \tag{6-6d}$$

$$\sigma^{(3)}(t, \tau) = \sigma_o \frac{1}{2\tau}(\frac{t}{\tau})^2 \exp(-\frac{t}{\tau})\Theta(t), \qquad (6\text{-}6e)$$

$$\tau = \frac{M}{\zeta}. \qquad (6\text{-}6f)$$

$$\sigma_o = \frac{4\pi n_o e^2}{M}\tau = \frac{4\pi n_o e^2}{\zeta}. \qquad (6\text{-}6g)$$

$$\Theta(t) = 1 \text{ for } t \geq 0 \qquad (6\text{-}6h)$$

$$\Theta(t) = 0 \text{ for } t < 0$$

τ 是時間弛豫常數，ζ 是離子電流的離子摩擦常數。M 和 n_o 分別是傳導離子的有效質量和密度。σ_o 是有效靜電導率。離子體電漿頻率定義為

$$\omega_p = \sqrt{\frac{4\pi n_o e^2}{M}} \qquad (6\text{-}6i)$$

$$\sigma_o = \omega_p^2 \tau \qquad (6\text{-}6j)$$

對於我們的模型電壓門控單離子通道，如第 5 章所示，σ_o 包括兩部分：電動 σ_{oo} 和擴散 σ_D。方程式 (6-5g), (6-6b) 被推廣為以下形式。

$$\sigma_o = \sigma_{oo} + \sigma_D \qquad (6\text{-}6k)$$

σ_{oo} 和 σ_D 分別顯示在等式 (5-7a) 和 (5-7b) 中。在附錄 D 中，我們導出了電容電流的阻尼諧振子模型電導率如下。

$$\sigma_C(t) = \sigma_{co}F_C(t) \quad (\tau_{sc} > \tau_{oc}) \quad (t > 0) \qquad (6\text{-}7a)$$

$$\sigma_{co} = \frac{\varepsilon_s - 1}{4\pi} \frac{1}{\tau_{oc}} \frac{\tau_{sc}}{(\tau_{sc}^2 - \tau_{oc}^2)^{1/2}} \qquad (6\text{-}7b)$$

$$F_C(t) = \frac{1}{\tau_{sc}}\exp(-\frac{1}{\tau_{sc}})[-\sin(\xi\frac{1}{\tau_{sc}}) + \xi\cos(\xi\frac{1}{\tau_{sc}})] \qquad (6\text{-}7c)$$

$$\xi = \frac{1}{\tau_{oc}}(\tau_{sc}{}^2 - \tau_{oc}{}^2)^{1/2} \cdot (\tau_{sc} > \tau_{oc}) \tag{6-7d}$$

τ_{oc} 和 τ_{sc} 是模型諧振子的兩個時間常數。採取簡單的模型研究，我們假設隨時間變化的施加電壓為

$$V_{ext}(t) = V_o = \text{constant} \qquad (t < t_a) \tag{6-8a}$$

$$V_{ext}(t) \neq \text{constant} \qquad (t_a \leq t \leq t_b) \tag{6-8b}$$

根據程式 (6-4a) 中的推導，我們得到以下結果。

(i) $-\infty < t < t_a$:

$$J_{tot}(t) = -\frac{1}{L}V_o\sigma = -\frac{1}{L}V_o\sigma_{tot} \tag{6-9a}$$

$$\sigma_{tot} = \sigma_o \tag{6-9b}$$

$$V_{eff}(t) = -\frac{1}{\sigma_{tot}}LJ_{tot}(t) = V_o \tag{6-9c}$$

(ii) $t_a \leq t < \infty$: $\qquad J_R(t) = -\frac{1}{L}\sigma_o[V_o + v_R(t, t_a, \mathcal{P}_1, \mathcal{P}_2, \mathcal{P}_3)] \tag{6-10a}$

$$v(t, t_a, \mathcal{P}_1, \mathcal{P}_2, \mathcal{P}_3) = \int_{t_a}^{t} dt'F_R(t - t')V_{ext}(t')) \tag{6-10b}$$

$$F_R(t - t') = \frac{\sigma_R(t-t')}{\sigma_o} = \frac{1}{\tau}\exp(-\frac{t-t'}{\tau})[\mathcal{P}_1 + \mathcal{P}_2\frac{t-t'}{\tau} + \mathcal{P}_3\frac{1}{2}(\frac{t-t'}{\tau})^2] \tag{6-10c}$$

$$J_C(t) = -\frac{1}{L}\sigma_{co}v_C(t, t_a) \tag{6-11a}$$

$$v_C(t, t_a) = \int_{t_a}^{t} dt'F_C(t - t')V_{ext}(t') \tag{6-11b}$$

$$F_C(t - t') = \frac{1}{\tau_{oc}}\exp(\frac{t-t'}{\tau_{sc}})[-\sin(\xi\frac{t-t'}{\tau_{sc}}) + \xi\cos(\xi\frac{t-t'}{\tau_{sc}})] \tag{6-11c}$$

$$\xi = \frac{1}{\tau_{oc}}(\tau_{sc}{}^2 - \tau_{oc}{}^2)^{1/2} \tag{6-11d}$$

$$\sigma_{co} = \frac{\varepsilon_c}{4\pi\tau_{oc}} \tag{6-11e}$$

$$J(t) = J_R(t) + J_C(t) \tag{6-12a}$$

$$V_{eff}(t) = -\frac{1}{\sigma_{tot}}LJ(t) = V_o + v(t, t_a, \mathscr{P}_1, \mathscr{P}_2, \mathscr{P}_3) + \frac{1}{\sigma_o}\sigma_{co}v_C(t, t_a) \tag{6-12b}$$

$$\sigma_o = \omega_p^2\tau \tag{6-13a}$$

$$\omega_p = \sqrt{\frac{4\pi n_o e^2}{M}} \tag{6-13b}$$

$$\int_{-\infty}^{t} dt' F_R(t - t') = 1 \tag{6-13c}$$

$$\int_{-\infty}^{t} dt' F_C(t - t') = 0 \tag{6-14}$$

如第 4 章所示，當 $V_{ext}(t) = 0$ 時，跨膜的總本徵電位為

$$V_{ne} = -E_{ne}L = -\eta\frac{k_BT}{e}\ln\frac{n_2}{n_1}. \tag{6-15a}$$

由 $V_{ext}(t)\ [\neq 0]$ 引起的動作電位定義為

$$V_{ac}(t) = V_{ne} + V_{eff}(t) \tag{6-15b}$$

圖 6-2 顯示了一個數值示例。圖 (a) 中顯示的外加 $V_{ext}(t)$ 產生的 $J_{tot}(t)$，$J_R(t)$ 和 $J_C(t)$ 顯示在圖 (b) 和 (c)。$J_C(t) << J_R(t)$, $J(t) \approx J_R(t)$。$V_{eff}(t)$ 如圖 (d) 所示。電容電流效應可以忽略不計。數據列記在 6-1 表中。

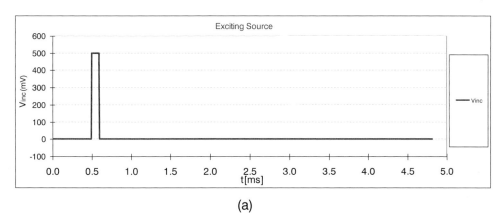

(a)

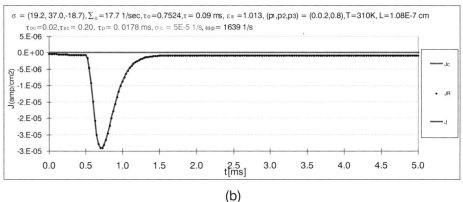

(b)

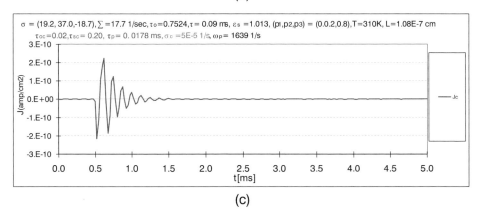

(c)

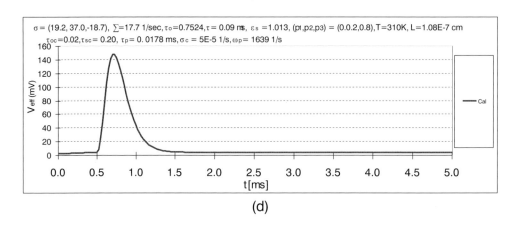

(d)

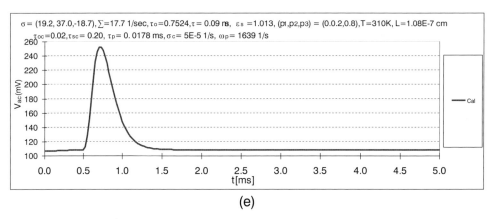

(e)

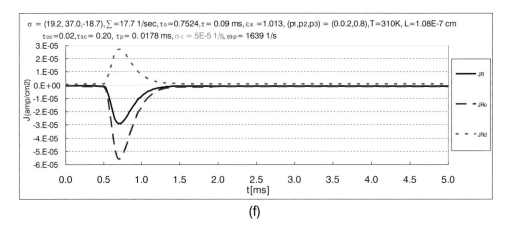

(f)

6-2圖

6-1表

T(K)	310
n_1(mM)	150
η	1
L(cm)	1.08E-07
ε_c	1.0126E+00
n_2(mM)	3.02E+00
V_{eq}(mV)	1.04E+02
ζ(g/sec)	5.53E-01
D_f(cm2/sec)	7.7E-14
σ(1/sec)	1.923E+01
σ_o(1/sec)	3.696E+01
$\Delta\sigma$(1/sec)	-1.772E+01
τ(ms)	0.09
ω_p(1/sec)	1638.7
(p1,p2,p3)	(0,0.2,0.8)
τ_o(ms)	0.7524
$\sum$(1/sec)	1.923E+01
τ_{osc}(ms)	2.00E-02
τ_{sc}(ms)	2.00E-01
τ_p(ms)	1.78E-01
σ_c(1/sec)	5.039E-05

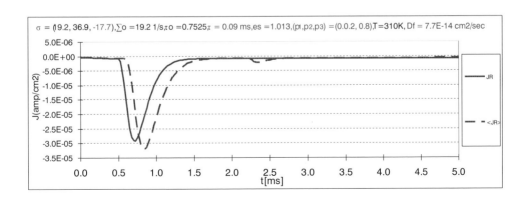

σ = (19.2, 36.9, -17.7),$\sum o$ =19.2 1/s,τo =0.7525,τ = 0.09 ms,es =1.013,(p1,p2,p3) =(0,0.2,0.8),T=310K, Df = 7.7E-14 cm2/sec

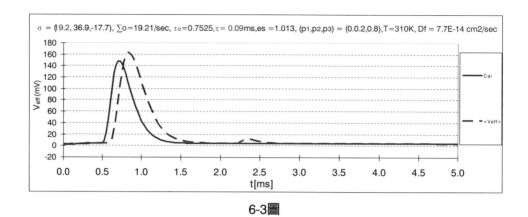

6-3圖

圖 6-2(d) 所顯示的 $V_{eff}(t)$ 是使用近似值公式 (6-2e) 計算的。為了比較，$<J(0, t)>$ 和 $V_{eff}(t)$ 用公式 (6-5b) 和 (6-5a) 重新計算。結果如圖 (6-3) 所示。他們非常接近。它表明數值結果〔圖 6-2d 和表 6-1〕可用以理解物理。但是，對於實際實驗的數據擬合，可以使用公式 (6-5a), (6-5b）。

第7章

電阻電導率的基本模型

電壓門控單離子通道中質量爲 M，電荷爲 q 的移動離子的運動方程爲

$$M\frac{d}{dt}v(t) = F_{tot}(t) = -\zeta v(t) + qE(t) + F_{ne}(t) \tag{7-1a}$$

$F_{ne}(t)$ 是非電力外力源。$-\zeta v(t)$ 是粘性力。$E(t)$ 是作用在該離子上的眞實電場。

令

$$E_{ne}(t) = \frac{1}{q} F_{ne}(t) \tag{7-1b}$$

$$V_{ne}(t) = -LE_{ne}(t) = -L\frac{1}{q}F_{ne}(t) \tag{7-2b}$$

$$m\frac{d}{dt}v(t) + \zeta v(t) = F_{tot}(t) = qE_{tot}(t) \tag{7-3a}$$

$$E_{tot}(t) = E(t) + E_{ne}(t) \tag{7-3b}$$

一般來說
$$M\frac{d}{dt}v(t) = F_{tot}(t) = qE_{tot}(t) - \int_{-\infty}^{\infty} dt'\zeta(t-t')v(t') \tag{7-3c}$$

$$\begin{pmatrix} E_{tot}(t) \\ v(t) \\ \zeta(t) \\ J(t) \\ \sigma(t) \end{pmatrix} = \int_{-\infty}^{\infty}\frac{d\omega}{2\pi} \begin{pmatrix} E_{tot}(\omega) \\ v(\omega) \\ \zeta(\omega) \\ J(\omega) \\ \sigma(\omega) \end{pmatrix} \exp(-i\omega t) \tag{7-4a}$$

$$m(-i\omega)v(\omega) = qE_{tot}(\omega) - \zeta(\omega)v(\omega) \tag{7-4b}$$

$$v(\omega) = \frac{q}{\zeta(\omega) - i\omega m}E_{tot}(\omega) \tag{7-4c}$$

$$J(\omega) = nqv(\omega) = \sigma(\omega)E_{tot}(\omega) \tag{7-5a}$$

$$\sigma(\omega) = \frac{nq^2}{\zeta(\omega) - i\omega m} \tag{7-5b}$$

$$J(t) = \int_{-\infty}^{t} dt'\sigma(t - t')E_{tot}(t') = -\frac{1}{L}\int_{-\infty}^{t} dt'\sigma(t - t')V_{tot}(t') \tag{7-6a}$$

$$E_{tot}(t) = E(t) + E_{ne}(t) \tag{7-3b}$$

$$V_{tot}(t) = -LE_{tot}(t) = V(t) + V_{ne}(t) \tag{7-6b}$$

$$J(t) = -\frac{1}{L}\int_{-\infty}^{t} dt'\sigma(t - t')\,[V(t') + V_{ne}(t')] \tag{7-6c}$$

電導定義為

$$\mathcal{G}(t) = -\frac{J(t)}{V(t)} \tag{7-7}$$

如第 6 章所示，有效電位 $V_{eff}(t)$ 為

$$V_{eff}(t) = -\frac{1}{\Sigma}LJ(t) \tag{7-8a}$$

$$\Sigma = \frac{\varepsilon_c}{4\pi^{5/2}\tau_o} \tag{7-8b}$$

$$\tau_o = \frac{\varepsilon_c\,\Delta z}{c} \tag{7-8c}$$

如第 5 章所示，電壓門控離子通道的電導率由電導和擴散兩部分組成。

$$\sigma(t - t') = \sigma_E(t - t') + \sigma_D(t - t') \tag{7-9a}$$

對於數值研究，我們假設以下物理模型。

$$J(t) = -\frac{1}{L}\int_{-\infty}^{t} dt'[\sigma_E(t - t') + \sigma_D(t - t')]V_{inc}(t') = J_E(t) + J_{ne}(t) \tag{7-9b}$$

$$J_E(t) = -\frac{1}{L}\int_{-\infty}^{t} dt'\sigma_E(t-t')V_{inc}(t') \tag{7-9c}$$

$$J_{ne}(t) = -\frac{1}{L}\int_{-\infty}^{t} dt'\sigma_D(t-t')V_{inc}(t') \tag{7-9d}$$

σ_E 和 σ_D 的靜態部分在程式 (5-7a) 和 (5-7b) 中分別導出。

　　對於數值研究，我們開發了以下旋轉板通道門模型。如附錄 E 所述，我們假設通道門是一個圍繞垂直於傳導通道方向的軸的旋轉板（圖 E-1）。所有 $\Delta\mathcal{N}(t)$ 通道的總橫截面積 $\Delta A(t)$ 為

$$\Delta A(t) = \Delta A_{max}\sin^2\varphi(t) \tag{7-10a}$$

$\varphi(t)$ 是板平面與 yz 平面之間的夾角，滿足以下運動方程。

$$\frac{d^2}{dt^2}\varphi(t) = \pm\alpha\cos\varphi \tag{7-10b}$$

α 是與模型門的動態特性相關的常數。方程式 (7-10b) 分兩種情況求解：結果如下。

A. 開門：　　$t = 0 \to t_a$, $\varphi(t) = 0 \to \dfrac{\pi}{2}$　　t_a = 完全打開的時間

$$\int_{0}^{\varphi(t)} \frac{dx}{[\sin x]^{1/2}} = \frac{t}{\tau_a} \tag{7-11a}$$

B. 關門：　　$t = 0 \to t_b$, $\varphi(t) = \dfrac{\pi}{2} \to 0$　　t_b = 完全關閉的時間

$$\int_{\frac{\pi}{2}}^{\varphi(t)} \frac{dx}{[\sin x]^{1/2}} = -\frac{t}{\tau_b} \tag{7-11b}$$

對於給定的 τ_a, τ_b, $\varphi(t)$ 以數字計算方式確定。

$$\frac{\Delta A(t)}{\Delta A_{max}} = \sin^2\varphi(t) \qquad (7\text{-}11c)$$

對於以下情況，我們使用 (7-11a, b, c) 的結果來計算 $\dfrac{\Delta A(t)}{\Delta A_{max}}$:

$$\varphi(t) = 0 \quad t \leq t_1 \qquad （完全關閉）$$

$$0 < \varphi(t) < \frac{\pi}{2} \quad t_1 < t < t_2 \qquad （打開）$$

$$\varphi(t) = \frac{\pi}{2} \quad t = t_2 \qquad （完全打開）$$

$$\frac{\pi}{2} > \varphi(t) > 0 \quad t_2 < t < t_3 \qquad （關閉）$$

$$\varphi(t) = 0 \quad t \geq t_3 \qquad （完全關閉）$$

我們假設 $\quad V_{ne}(t) = V_{neo} \dfrac{\Delta A(t)}{\Delta A_{max}} = V_{neo} \sin^2\varphi(t)$ \qquad (7-12)

7-1 圖顯示了兩個數值示例。

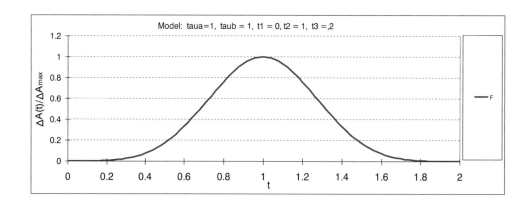

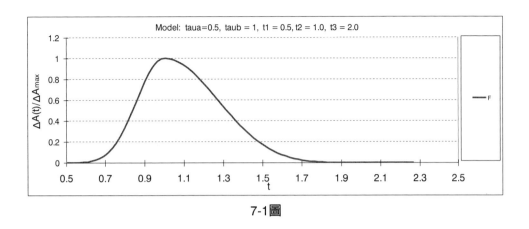

7-1圖

　　爲了擬合 A 的實驗 Na$^+$ 電導數據（參考文獻 2 的圖 6），結果如 7-2 圖和 7-1 表所示。

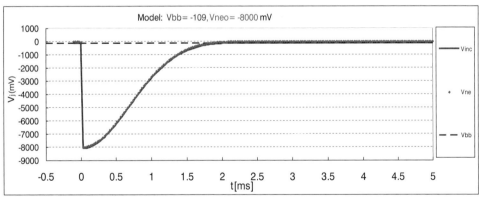

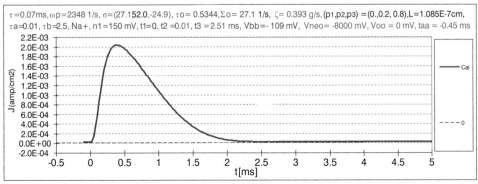

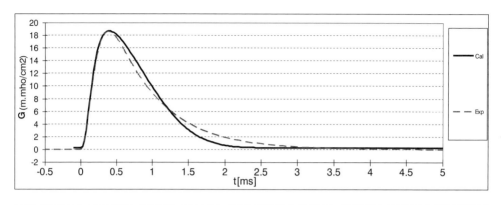

τ＝0.07ms, ωp＝2348 1/s, σ＝(27.152.0,-24.9), τo＝0.5344,Σo＝27.1 1/s, ζ＝0.393 g/s, (p1,p2,p3)＝(0.,0.2, 0.8),L＝1.085E-7cm, τa＝0.01, τb＝2.5, Na＋, n1＝150 mV, t1＝0, t2 ＝0.01, t3 ＝2.51 ms, Vbb＝- 109 mV, Vneo＝ -8000 mV, Voo ＝ 0 mV, taa ＝ -0.45 ms

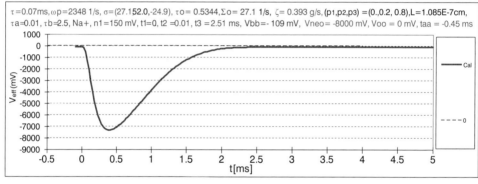

7-2圖　Na

　　爲了擬合 A 的實驗 K^+ 電導數據（參考文獻 2 的圖 3），結果如 7-3
圖和 7-1 表所示。

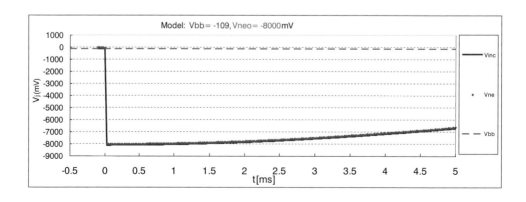

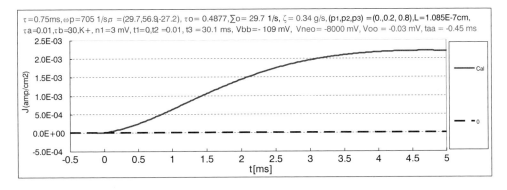

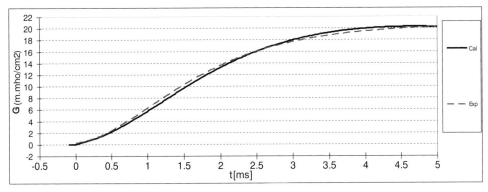

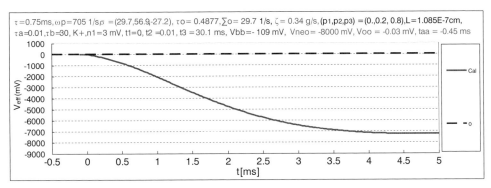

7-3圖　K

7-1表

Exp A	Na	K
T(K)	310	310
n_1(mM)	150	3
η	1	1
L(cm)	1.08E-07	1.08E-07
ε_c	1.01E+00	1.01E+00
n_2(mM)	3.02E+00	1.42E+02
V_{eq}(mV)	1.04E+02	-1.03E+02
ζ(g/sec)	3.931E-01	3.40E-01
D_f(cm2/sec)	1.089E-13	1.26E-13
σ(1/sec)	2.71E+01	2.97E+01
σ_o(1/sec)	5.20E+01	5.69E+01
σ_D(1/sec)	-2.50E+01	-2.72E+01
τ(ms)	0.058	0.75
ω_p(1/sec)	2422	705.1
V_{bb}(mV)	-109	-109
V_{neo}(mV)	-8000	-8000
V_{oo}(mV)	0.0	-0.03
taa	-0.45	-0.45
(p1,p2,p3)	(0.,0.2,0.8)	(0.1,0.2,0.7)
t_{aua}(ms)	0.01	0.01
t_{aub}(ms)	2.5	30
t_1	0	0
t_2	0.01	0.01
t_3(ms)	2.51	30.01
τ_o(ms)	0.5344	0.4877
$\sum$(1/sec)	2.71E+01	2.97E+01

第 8 章

鈉離子通道的瞬態電導

Na$^+$ 電導曲線（A, C, E, G, J）的計算擬合實驗（參考文獻 2 的圖 6）
如 8-1 圖所示。擬合參數見 8-1 表，其餘參數與第 4 章 4-1 表中 Na$^+$ 數據
相同。擬合結果非常好。

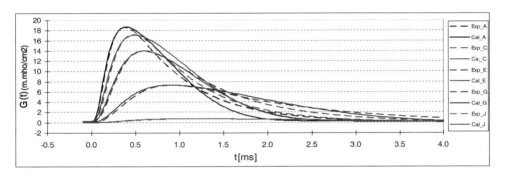

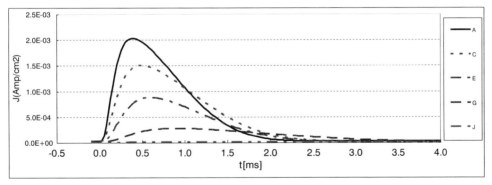

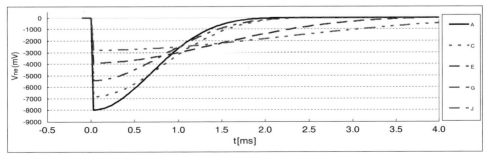

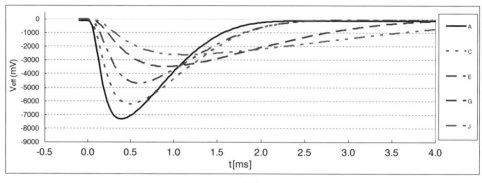

8-1圖

8-1表

Na	Exp A	Exp C	Exp E	Exp G	Exp J
T(K)	310	310	310	310	310
n_1(mM)	150	150	150	150	150
η	1	1	1	1	1
L(cm)	1.08E-07	1.08E-07	1.08E-07	1.08E-07	1.08E-07
ε_c	1.01E+00	1.01E+00	1.01E+00	1.01E+00	1.01E+00
n_2(mM)	3.02E+00	3.02E+00	3.02E+00	3.02E+00	3.02E+00
V_{eq}(mV)	1.04E+02	1.04E+02	1.04E+02	1.04E+02	1.04E+02
ζ(g/sec)	3.93E-01	4.52E-01	5.85E-01	1.37E+00	2.06E+01
D_f(cm2/sec)	1.089E-13	9.48E-14	7.31E-14	3.12E-14	2.08E-15
σ(1/sec)	2.71E+01	2.36E+01	1.82E+01	7.76E+00	5.18E-01
σ_o(1/sec)	5.20E+01	4.53E+01	1.82E+01	1.49E+01	9.95E-01
σ_D(1/sec)	-2.50E+01	-2.17E+01	-1.68E+01	-7.15E+00	-4.77E-01
τ(ms)	0.058	0.075	0.0994	0.1438	0.16
ω_p(1/sec)	2422	1987.4	1511.7	823.6	201.7
V_{bb}(mV)	-109	-88	-63	-38	-19
V_{neo}(mV)	-8000	-6870	-5450	-3920	-2830
V_{oo}(mV)	0.0	0.0	0.0	0.0	0.0
taa	-0.45	-0.45	-0.45	-0.45	-0.45
(p1,p2,p3)	(0.,0.2,0.8)	(0,0.2,0.8)	(0,0.2,0.8)	(0,0.2,0.8)	(0,0.2,0.8)
taua(ms)	0.01	0.01	0.01	0.01	0.01
taub(ms)	2.50	3.00	3.00	5.20	8.00
t1	0.0	0.00	0.00	0.00	0.00
t2	0.01	0.01	0.01	0.01	0.01
t3(ms)	2.51	3.01	3.05	5.21	8.01
τ_o(ms)	0.5344	0.6150	0.7960	1.8650	27.95
$\sum$(1/sec)	2.71E+01	2.35E+01	1.82E+01	7.76E+00	5.18E-01

第9章

鉀離子通道的瞬態電導

　　K⁺ 電導曲線（A, C, E, G, J）的計算擬合實驗（參考文獻 2 的圖 3）
如 9-1 圖所示。擬合參數見 9-1 表，其餘參數與第 4 章 4-1 表中 K⁺ 數據
相同。擬合結果非常好。

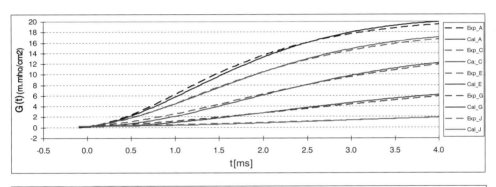

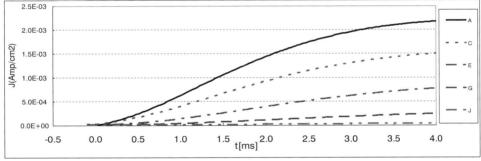

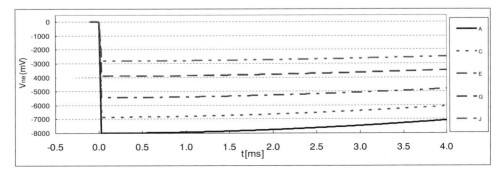

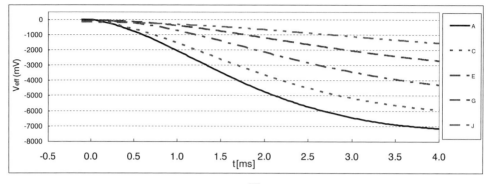

9-1圖

9-1表

K	Exp A	Exp C	Exp E	Exp G	Exp J
T(K)	310	310	310	310	310
n1(mM)	3	3	3	3	3
η	1	1	1	1	1
L(cm)	1.08E-07	1.08E-07	1.08E-07	1.08E-07	1.08E-07
ε_c	1.01E+00	1.01E+00	1.01E+00	1.01E+00	1.01E+00
n2(mM)	1.42E+02	1.42E+02	1.42E+02	1.42E+02	1.42E+02
Veq(mV)	-1.03E+02	-1.03E+02	-1.03E+02	-1.03E+02	-1.03E+02
ζ(g/sec)	3.40E-01	4.10E-01	5.79E-01	1.20E+00	4.52E+00
Df(cm2/sec)	1.26E-13	1.04E-13	7.40E-14	3.57E-14	9.48E-15
σ(1/sec)	2.97E+01	2.46E+01	1.74E+01	8.41E+00	2.23E+00
σ_o(1/sec)	5.69E+01	4.71E+01	3.34E+01	1.61E+01	4.28E+00
σ_D(1/sec)	-2.72E+01	-2.25E+01	-1.60E+01	-7.72E+00	-2.05E+00
τ(ms)	0.75	0.85	1.00	1.20	1.65
ω_p(1/sec)	705.1	602.6	467.7	296.8	130.3
Vbb(mV)	-109	-88	-63	-38	-19
Vneo(mV)	-8000	-6870	-5450	-3920	-2830
Voo(mV)	-0.03	-77.2	-77	-77	-200
taa	-0.45	-0.45	-0.45	-0.45	-0.45
(p1,p2,p3)	(0.1,0.2,0.7)	(0.1,0.2,0.7)	(0.1,0.2,0.7)	(0.1,0.2,0.7)	(0.1,0.2,0.7)
taua(ms)	0.01	0.01	0.01	0.01	0.01
taub(ms)	30	30	30	30	30
t1	0.00	0.00	0.00	0.00	0.00
t2	0.01	0.01	0.01	0.01	0.01
t3(ms)	30.01	30.01	30.01	30.01	30.01
τ_o(ms)	0.4877	0.5890	0.8310	1.7200	6.500
$\sum$(1/sec)	2.97E+01	2.46E+01	1.74E+01	8.41E+00	2.23E+00

第 10 章

三離子型電壓門控通道生成的動作電位

我們考慮一個具有三種離子的電壓門控通道：Na^+, K^+ and Cl^-。參數是根據第 4，5 章中開發的模型計算的，並在 10-1 表 (4-1 表) 中列出。

10-1表

Ionic Channel	K^+	Na^+	Cl^-
η	1	1	-1
n_1(mM)	3	150	32
n_2(mM)	142	3	2
$n_2/n1$	47.3	0.02	0.07
V_{ne}(mV)	-103	104	-71
$\Delta x/L$	1.17	0.165	0.358

$$T = 310 \text{ K}, \varepsilon_c = 1.0123, L = 1.08 \text{ nm}$$

對於眞實系統，如附錄 F 中所推導出的，靜止電位是 Goldman-Hodgkin-Katz 電壓方程[13, 14]。

$$V_{rest}(\alpha, \beta, \gamma) = -\frac{k_B T}{e} \ln[\frac{\alpha n_{2Na} + \beta n_{2K} + \gamma n_{1cl}}{\alpha n_{1Na} + \beta n_{1K} + \gamma n_{2cl}}] \qquad (10\text{-}1)$$

α, β, γ 是三種離子穿過膜壁的滲透性。對於表 10-1 的數據，取 $\alpha = \beta = \gamma = 1.41\%$, $V_{rest} = -70$ mV。10-1 圖顯示了一個數值示例。激發電壓 $V_{inc}(t)$ 顯示於 (a) 圖中。(b) 圖顯示了三個離子的有效電位及其總量 $V_{eft}(t)$。(c) 圖顯示了電流密度 J(Na), J(K), J(Cl) 和總值 $J_{tot}(t)$。

$$V_{eft}(t) = V_{eff}(Na^+) + V_{eff}(K^+) + V_{eff}(Cl^-) \qquad (10\text{-}2a)$$

$$J_{tot}(t) = J(Na^+) + J(K^+) + J(Cl^-) \qquad (10\text{-}2b)$$

這些參數列在 10-1 表中。動作電位由下式定義，結果顯示於 10-2 圖中。去極化和再極化效應清晰可見。

$$V_{ac}(t) = V_{rest} + V_{eft}(t) \qquad (10\text{-}3)$$

Na^+, K^+ 和 Cl^- 通道組分的性質分別如圖 10-3, 4, 5 所示。模擬視頻顯示在參考文獻 14 中。

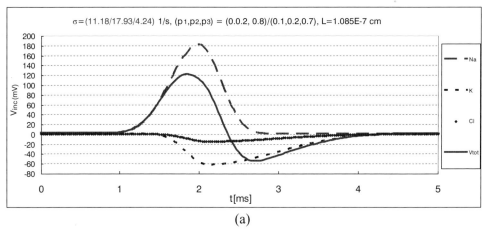

(a)

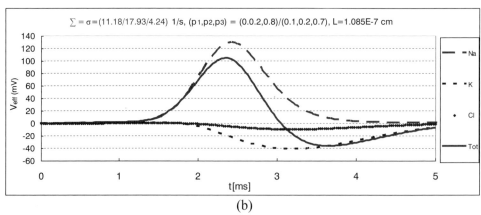

(b)

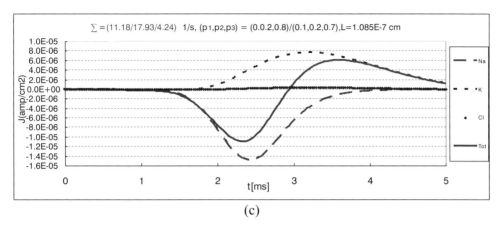

(c)

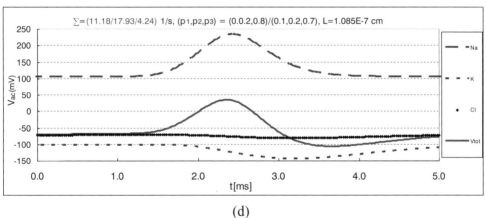

(d)

10-1圖

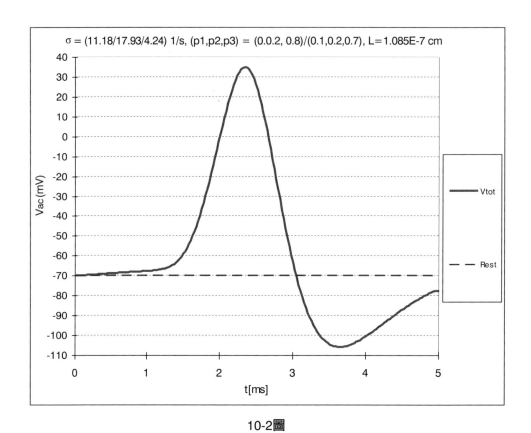

10-2圖

　　圖 10-1 中 Na, K 和 Cl 的 J(t) 曲線清楚地證明了鈉鉀泵效應（*sodium-potassium pump effect*）：在泵的單個循環中，較多的鈉離子從細胞中擠出（J＜0）[6]。較少的鉀離子被輸入（J＞0）細胞。Na^+, K^+ 和 Cl^- 的計算結果分別如 10-3, 4 和 10-5 圖所示。

10-2表

	Na	K	Cl
T(K)	310	310	310
n_1(mM)	150	3	32
η	1	1	-1
L(cm)	1.08E-07	1.08E-07	1.08E-07
ε_c	1.01E+00	1.01E+00	1.01E+00
n_2(mM)	3.02E+00	1.42E+02	2.23E+00
V_{eq}(mV)	1.04E+02	-1.03E+02	-7.12E+01
ζ(g/sec)	9.53E-01	5.62E-01	5.62E-01
D_f(cm2/sec)	4.49E-14	7.62E-14	7.62E-14
σ(1/sec)	1.118E+01	1.793E+01	4.238E+00
σ_o(1/sec)	2.15E+01	3.44E+01	7.44E+00
σ_D(1/sec)	-1.03E+01	-1.65E+01	-3.20E+00
τ(ms)	0.20	0.35	0.35
ω_p(1/sec)	838.0	802.4	390.1
V_{bb}(mV)	1	1	1
V_{neo}(mV)	181	-63	-15
(p_1,p_2,p_3)	(0,0.2,0.8)	(0.1,0.2,0.7)	(0.1,0.2,0.7)
t_{aua}(ms)	1.3	0.9	0.9
t_{aub}(ms)	1.0	3.2	3.2
t_1	0.7	1.2	1.2
t_2	2.0	2.1	2.1
t_3(ms)	3.0	5.3	5.3
τ_o(ms)	1.295	0.807	3.415
$\sum$(1/sec)	1.118E+01	1.793E+01	4.238E+00

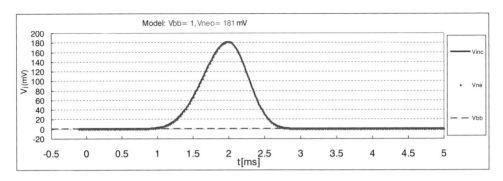

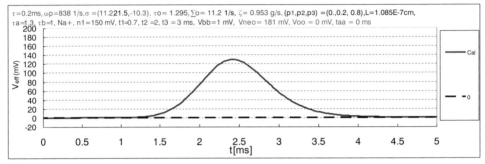

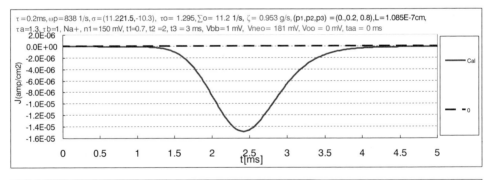

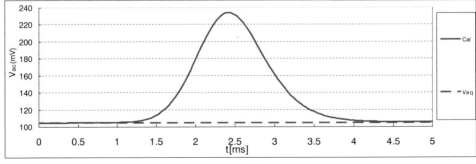

10-3圖

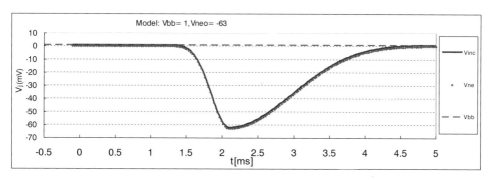

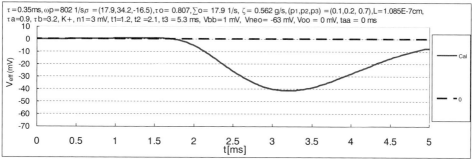

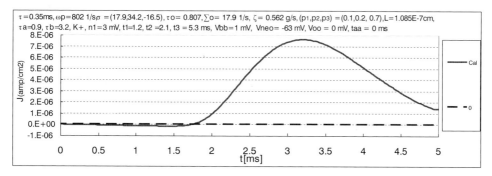

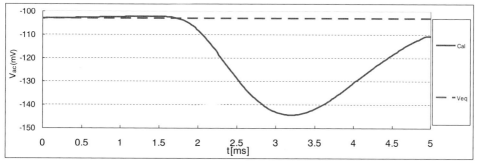

10-4圖

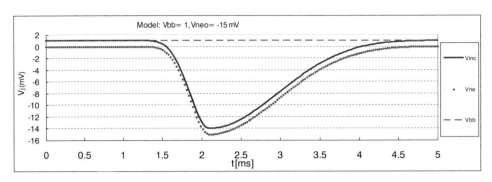

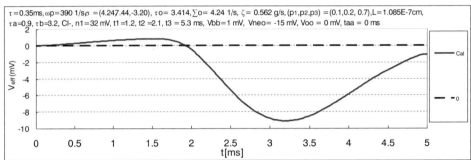

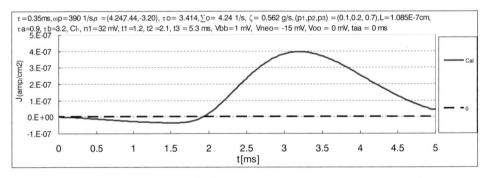

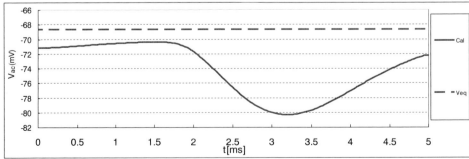

10-5圖

第 11 章

鈉離子通道的瞬態動作電位

　　研究了參考文獻 7 的 Na^+ 動作電位 $V_{ac}(t)$ [= V_{rest} + $V_{eff}(t)$] 實驗數據。兩個貓皮質神經元（簡單和複雜）的實驗數據顯示在 11-1 圖中。它們與模型計算結果進行比較。參數列於 11-1 表中。三種離子穿過膜壁的滲透率，$\alpha = \beta = \gamma = 1.20\%$ [eq. (10-1)], V_{rest} = –60 mV。擬合結果非常好。動作開始時的特徵性扭結（用箭頭顯示）得到了很好的展示。然而，霍奇金－赫胥黎理論不能解釋這種動作電位發作行為 [2]。擬合的有效電位 $V_{eff}(t)$ 和電流密度 $J(t)$ 如 11-2 圖所示。

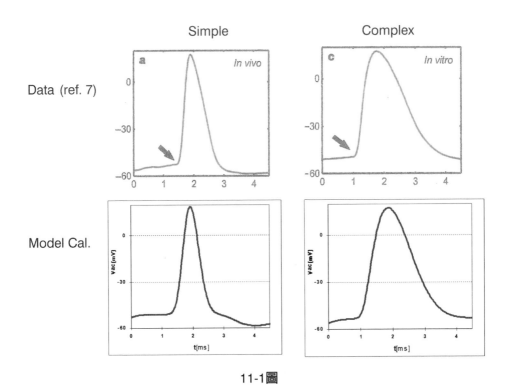

11-1圖

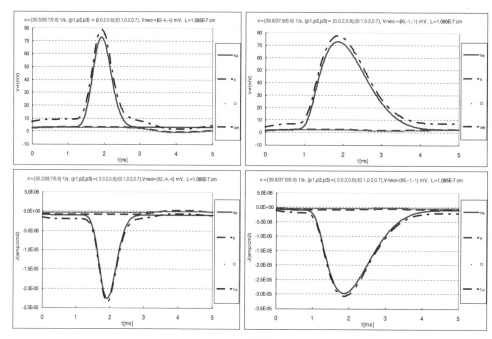

11-2圖

11-1表

Simple	Na	K	Cl	Complex	Na	K	Cl
T(K)	310	310	310	T(K)	310	310	310
n_1(mM)	150	3	32	n_1(mM)	150	3	32
η	1	1	-1	η	1	1	-1
L(cm)	1.08E-07	1.08E-07	1.08E-07	L(cm)	1.08E-07	1.08E-07	1.08E-07
ε_c	1.01E+00	1.01E+00	1.01E+00	ε_c	1.01E+00	1.01E+00	1.01E+00
n_2(mM)	3.02E+00	1.42E+02	2.23E+00	n_2(mM)	3.02E+00	1.42E+02	2.23E+00
V_{eq}(mV)	1.04E+02	-1.03E+02	-7.12E+01	V_{eq}(mV)	1.04E+02	-1.03E+02	-7.12E+01
ζ(g/sec)	3.51E-01	3.51E-01	3.51E-01	ζ(g/sec)	2.676E-01	2.676E-01	2.676E-01
D_f(cm2/sec)	1.22E-13	1.22E-13	1.22E-13	D_f(cm2/sec)	1.599E-13	1.599E-13	1.599E-13
σ(1/sec)	3.03E+01	2.868E+01	6.779E-01	σ(1/sec)	3.98E+01	3.764E+01	8.897E+00
σ_0(1/sec)	5.82E+01	5.50E+01	1.19E+01	σ_0(1/sec)	7.64E+01	7.220E+01	1.562E+01
σ_D(1/sec)	-2.79E+01	-2.63E+01	-5.12E+00	σ_D(1/sec)	-3.67E+01	-3.455E+01	-6.726E+00
τ(ms)	0.08	0.14	0.14	τ(ms)	0.17	0.19	0.19
ω_p(1/sec)	2181.9	1604.5	780.0	ω_p(1/sec)	1714.8	1577.9	767.1
V_{bb}(mV)	1	1	1	V_{bb}(mV)	2	2	2
V_{neo}(mV)	82	-4	-4	V_{neo}(mV)	86	-1	-1
V_{oo}(mV)	2	2	2	V_{oo}(mV)	0.3	0.3	0.3
taa	-0.2	-0.2	-0.2	taa	-0.45	-0.45	-0.45
(p1,p2,p3)	(0,,0.2,0.8)	(0.1,0.2,0.7)	(0.1,0.2,0.7)	(p1,p2,p3)	(0,,0.2,0.8)	(0.1,0.2,0.7)	(0.1,0.2,0.7)
taua(ms)	0.7	1.5	1.5	taua(ms)	0.55	1.10	1.10
taub(ms)	0.9	4.0	4.0	taub(ms)	3.00	1.6	1.6
t1	1.0	2.0	2.0	t1	0.6	1.5	1.5
t2	1.7	3.5	3.5	t2	1.15	2.6	2.6
t3(ms)	2.6	7.5	7.5	t3(ms)	4.150	4.2	4.2
τ_0(ms)	0.477	0.505	2.135	τ_0(ms)	0.363	0.384	1.627
$\sum$(1/sec)	3.031E+01	2.868E+01	6.779E+00	$\sum$(1/sec)	3.987E+01	3.765E+01	8.897E+00

第 12 章

神經元信號傳播的多介質效應

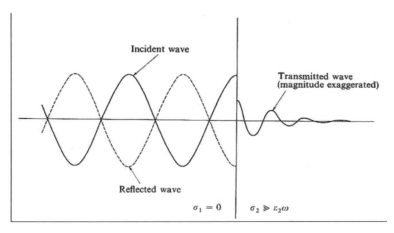

12-1圖 〔參考文獻15〕

在一個神經元中發生的有效電位 $V_{eff}(t)$ 將會被傳送到神經系統的其他神經元。由於神經路徑的神經元都相同（假設），該信號將平順地移動。但是，如 12-1 圖所示，如果神經元具有不同的物理特性，則該信號將被部分反射而不是 100% 傳輸。我們將研究這種效應。如 12-1 圖所示，我們假設入射 (i) 和傳輸 (t) 介質的光學常數如下。

$$\mathcal{N}_i(\omega) = \sqrt{\varepsilon_i(\omega)} = n_i(\omega) + i\, k_i(\omega) \tag{12-1a}$$

$$\mathcal{N}_t(\omega) = \sqrt{\varepsilon_t(\omega)} = n_t(\omega) + i\, k_t(\omega) \tag{12-1b}$$

$$\varepsilon_i(\omega) = \varepsilon_{i1}(\omega) + i\varepsilon_{i2}(\omega) = \varepsilon_{si} + i\frac{4\pi\sigma_i(\omega)}{\omega} \tag{12-2a}$$

$$\varepsilon_t(\omega) = \varepsilon_{t1}(\omega) + i\varepsilon_{t2}(\omega) = \varepsilon_{st} + i\frac{4\pi\sigma_t(\omega)}{\omega} \tag{12-2b}$$

$$V_r(\omega) = R(\omega)V_i(\omega) \tag{12-3a}$$

$$V_t(\omega) = T(\omega)V_i(\omega) \tag{12-3b}$$

$V_i(\omega)$, $V_r(\omega)$ 和 $V_t(\omega)$ 是入射，反射和傳輸的有效電位的頻率係數。$R(\omega)$ 和 $T(\omega)$ 是反射和透射複數頻率係數。

$$R(\omega) = \frac{\mathcal{N}_t' - \mathcal{N}_i}{\mathcal{N}_t' + \mathcal{N}_i} \tag{12-4a}$$

$$T(\omega) = \frac{2\mathcal{N}_i}{\mathcal{N}_t' + \mathcal{N}_i} \tag{12-4b}$$

界面處的感應電流密度爲 $J_i(\omega)$, $J_r(\omega)$ 和 $J_t(\omega)$）。

$$J_i(\omega) = -\frac{1}{L}\sigma_i(\omega)V_i(\omega) \tag{12-5a}$$

$$J_r(\omega) = -\frac{1}{L}\sigma_i(\omega)V_r(\omega) \tag{12-5b}$$

$$J_t(\omega) = -\frac{1}{L}\sigma_t(\omega)V_t(\omega) \tag{12-5c}$$

12-2 圖顯示了一個數值示例。選擇 $\sigma_i/\sigma_t = 19/10000$〔12-1 表的情況 a〕。假設入射 $V_i(t)$，可計算反射率 $V_r(t)$ 和 $V_i(t)+V_r(t)[=V_t(t)]$[(12-3a)-(12-4b)]。結果如 12-2 圖所示。還顯示了 $J_i(t)$, $J_r(t)$ 和 $J_i(t) + J_r(t)$ 的結果。入射／透射介質的電導率 $\sigma_r(\omega)$ 對應 $\sigma_i(\omega)$ 關係曲線如 12-3 圖所示。

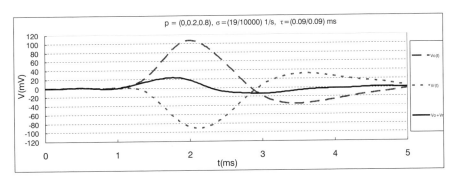

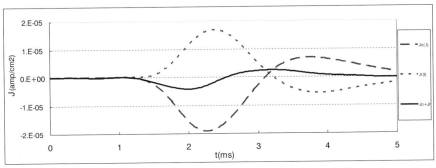

12-2圖

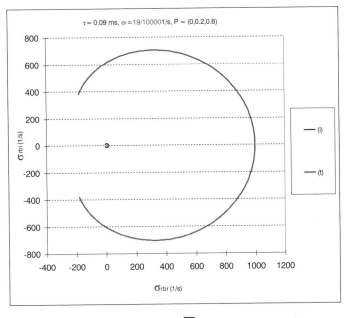

12-3圖

爲了比較，我們選擇 $\sigma_t = 10000$，1000 和 200 1/s〔12-1 表的情況 a, b, c〕。如 12-4 圖所示，較大的 V_r 代表較大的 σ_t（情況 a），

12-1表

	a	b	c
σ(1/sec)	1.90E+01	1.90E+01	1.90E+01
tau(ms)	0.09	0.09	0.09
ωp(1/sec)	1.63E+03	1.63E+03	1.63E+03
(p1,p2,p3)	(0.,0.2,0.8)	(0.,0.2,0.8)	(0.,0.2,0.8)
σa(1/sec)	1.00E+04	1.00E+03	2.00E+02
taua(ms)	0.09	0.09	0.09
ωpa(1/sec)	3.74E+04	1.18E+04	5.28E+03
(p1a,p2a,p3a)	(0.,0.2,0.8)	(0.,0.2,0.8)	(0.,0.2,0.8)

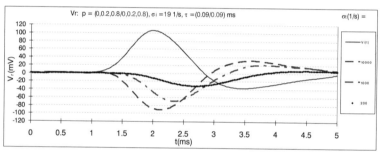

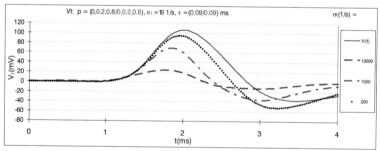

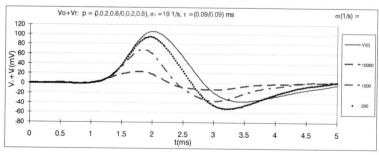

12-4圖

第 13 章

傳導電神經元信號的數學程式

為數學簡單起見,我們先研究神經介質中的一維傳播電磁場 E(z, t) 和 B(z, t)。我們選擇笛卡爾坐標,使得電場矢量和磁場矢量分別指向 x 和 y 方向。E(z, t) = [E(z, t), 0, 0] 和 B(z, t) = [0, B(z, t), 0] 分別沿 x 和 y 方向。它們沿 z 軸傳播。z ≥ 0 和 t ≥ 0。

$$E(z, t) = -\frac{1}{L}V(z, t) \qquad V(z, t) = -LE(z, t) \qquad (13\text{-}1)$$

V(0, t) 是動作電位。V(z, t) 是傳播的動作電位。

$$E(0, t) = -\int_{-\infty}^{\infty}\frac{d\omega}{2\pi}E(\omega)\exp(-i\omega t) = \frac{1}{\pi}\int_{0}^{\infty}dw[E_r(\omega)\cos(\omega t) + E_i(\omega)\sin(\omega t)] \quad (13\text{-}2a)$$

$$E(z, t) = \frac{1}{\pi}\int_{0}^{\infty}dw\exp(-K_2 z)[E_r(\omega)\cos(K_1 z - \omega t) - E_i(\omega)\sin(K_1 z - \omega t)] \quad (13\text{-}2b)$$

$$E(\omega) = E_r(\omega) + i\, E_i(\omega) \qquad (13\text{-}3a)$$

$$E_r(-\omega) = E_r(\omega) \qquad E_i(-\omega) = -E_i(\omega) \qquad (13\text{-}3b)$$

$$K_1(\omega) = \frac{\omega}{c}n(\omega) \qquad K_2(\omega) = \frac{\omega}{c}\kappa(\omega) \qquad (13\text{-}4a)$$

光學常數函數 $\mathcal{N}(\omega)$ 定義為

$$\mathcal{N}(\omega) = \sqrt{\varepsilon(\omega)} = n(\omega) + i\,\kappa(\omega) \qquad (13\text{-}4b)$$

$$\varepsilon(\omega) = \varepsilon_p + i4\pi\frac{\sigma(\omega)}{\omega} \qquad (13\text{-}4c)$$

13-1表

z(cm)	1.00E+06	1.00E+07	2.50E+07
τs	2.0E-01	2.0E-01	2.0E-01
τo	2.0E-02	2.0E-02	2.0E-02
Xs	0.0E+00	0.0E+00	0.0E+00
εs	1.0000E+00	1.0000E+00	1.0000E+00
taur	0.09	0.09	0.09
σr(1/sec)	1.90E+01	1.90E+01	1.90E+01
ωp(1/sec)	1628.8	1628.8	1628.8
(p1,p2,p3)	(0,0.2,0.8)	(0,0.2,0.8)	(0,0.2,0.8)

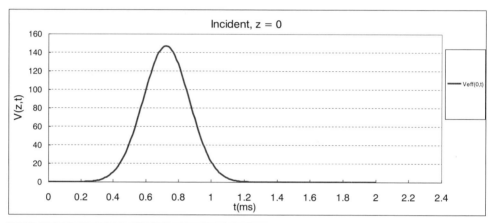

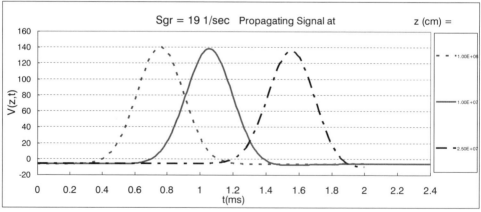

13-1圖

在 z = 1E6, 3.5E7 和 6.5E7 cm 處的波包 V(z, t) 如 13-1 圖所示。我們發現對於 z < 1E6 cm，差異可以忽略不計。因此，整個人體（z < 200 cm）幾乎沒有差異。任何神經信號都可以立即傳達到全身。神經信號傳播的時間延遲可以忽略不計。

頻率 ω = –80 到 80(1/ms) 在 z = 0 時的入射波頻譜 V(0, ω) 如圖 13-2 所示。電阻電流的模型光學常數函數 𝒩(ω) 和電阻電導率 σ(ω) 亦如圖 13-2 所示。模型計算的數值參數均列於 13-1 表中。

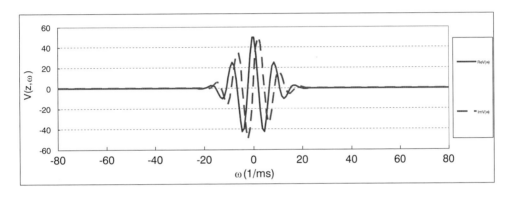

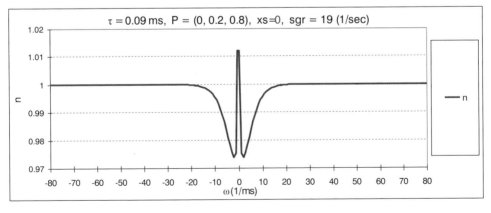

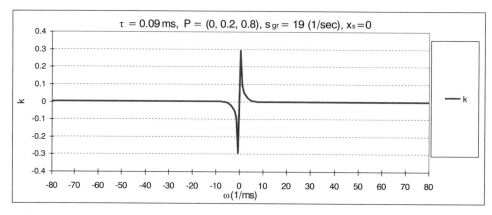

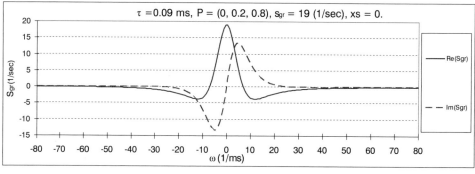

13-2圖

模型光學常數 $K_1(\omega)$ 和 $K_2(\omega)$ 如圖 13-3 所示。K_2 大小為 10^{-9} 厘米。因此對於 13-1 圖中的所有三種情況,縮減因子 $\exp(-K_2z) \approx 1$。

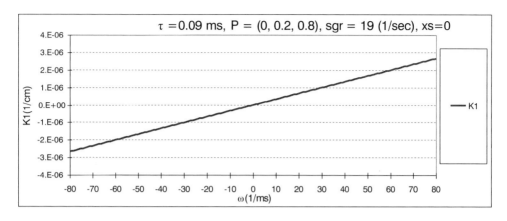

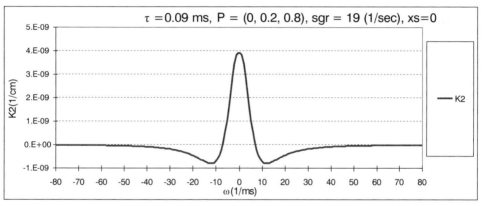

13-3圖

第 14 章　局部和針刺麻醉的物理模型

14.1 導言

　　針灸治療在中國已有 2500 多年的歷史，目前在世界範圍內作爲急慢性疼痛患者的鎮痛方式使用 [16, 17, 18]。此外，針灸不僅經常用作單一的麻醉技術，而且還作爲全身麻醉 (GA) 的補充或輔助 [16]。然而，經過 30 年的針灸研究，針刺鎮痛 (AA) 的機制仍有待了解 [17, 18]。建立一個能夠解釋局麻和針麻作用機制的神經麻醉基本物理模型是本研究的目標。

　　參考文獻 19 報導了針刺鎮痛的神經通路和機制。針刺信號是通過穴位深部的感受器及神經末梢的興奮傳入中樞的。實驗提示，針刺信號沿著傳入神經進入脊髓，腦幹或丘腦，與來自疼痛部位的傷害性信號發生相互作用，抑制傳入中樞的信號。因而產生針麻效果。我們研發的針刺麻醉基本物理模型將被報導在 14.3 章節中。

　　穴位通常被描述爲具有不同的電特性。與相鄰的非穴位相比，這些特性包括電導率增加，阻抗和電阻降低，電容增加以及電勢升高 [20]。一些獨立研究結果顯示，穴位的皮膚具有獨特的電性。穴位或經絡在電學上是可區分的 [21]。前幾章中研發的神經元的基本電動力學理論將應用於本章中的針灸麻醉物理學研究。

14.2 局部麻醉模型

　　如 14-1 圖所示，源神經元受到源電位 $V_{ext}(t)$ 的激發，產生的感應電流密度 $J_a(t)$ 向大腦發射有效動作電位 $V_{efa}(t)$。假設源神經元和腦神經元

具有相似的電學特性 [σ、τ 和 ω_p]，誘導電流密度 $J_b(t)$ [14-2 圖] 會在大腦中產生而用於感知。源（s）和腦（a）神經元的參數列於 14-1 表中。

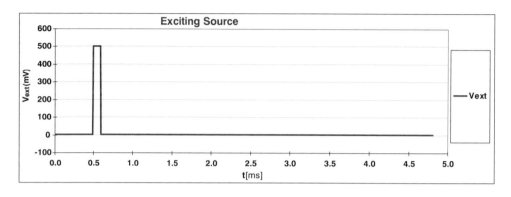

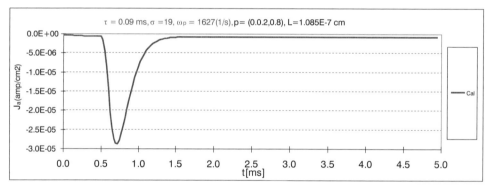

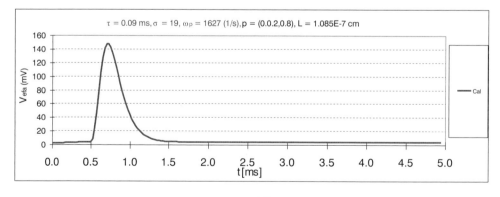

14-1圖

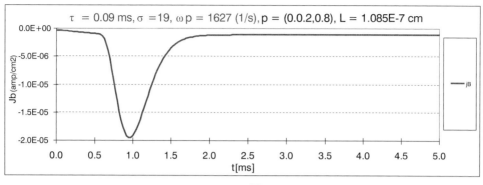

$\tau = 0.09\ ms, \sigma = 19, \omega p = 1627\ (1/s), p = (0.0.2,0.8), L = 1.085E\text{-}7\ cm$

14-2圖

14-1表

L(cm)	1.085E-07	1.085E-07	1.085E-07
σ(1/sec)	1.90E+01	1.90E+01	1.90E+01
tau(ms)	0.09	0.20	0.90
ωp(1/sec)	1.63E+03	1.092E+03	5.15E+02
(p1,p2,p3)	(0.,0.2,0.8)	(0.,0.2,0.8)	(0.,0.2,0.8)
La(cm)	1.085E-07	1.085E-07	1.085E-07
σa(1/sec)	1.90E+01	1.90E+01	1.90E+01
taua(ms)	0.09	0.09	0.09
ωpa(1/sec)	1.63E+03	1.63E+03	1.63E+03
Vo(mV)	2	2	2

　　我們假設電導率 σ_s = 19 1/s，增加參數 τ_s (0.09 -> 0.2 和 0.9) ms。如 14.3 圖所示，疼痛源處的電流密度 $J_a(t)$ 和朝向大腦的有效動作電位 $V_{efa}(t)$ 會降低。大腦中的感應電流密度 $J_b[t]$ 相應降低。它顯示了麻醉藥物對源神經元的局部麻醉作用。如 14-1 表所示，它降低了離子電漿頻率值 ω_{ps} (1630 -> 1092 -> 515 1/s)。物理意義上，減少了痛源神經元中的有效傳導離子。從而導致神經衝動信號的傳導被阻斷，最終實現麻醉效果。

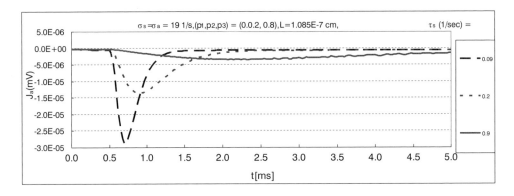

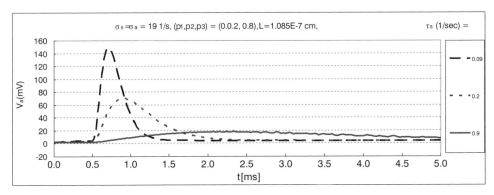

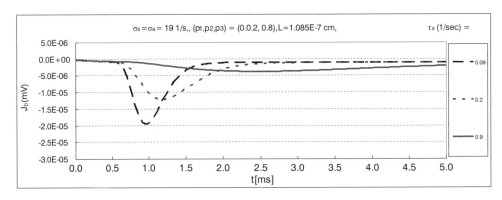

14-3圖

14.3 針刺麻醉模型

如 14-1 圖所示，$\tau_i = 0.09$ ms 的痛源神經元 a 受到源電位 $V_o(t)$ 的激發，產生的感應電流密度 $J_a(t)$ 向大腦和針灸穴位神經元發射有效電位 $V_{efa}(t)$。在 14-4 圖中，選擇 $\tau_i/\tau_t = 0.09/0.01$ ms，計算反射率 $V_r(t)$ 和 $V_{efb}(t)$ [$= V_o(t) + V_r(t)$]，如 14-4 圖所示，$V_{efb}(t)$ [$< V_{efa}(t)$] 是到達大腦的總入射有效電位。這種降低有效電位的效應 [$V_{efa}(t) \rightarrow V_{efb}(t)$] 是我們針刺麻醉模型的基本物理原理。痛源 (a)，穴位 (b) 和大腦 (c) 處的神經元膜特性如 14-2 表所示。

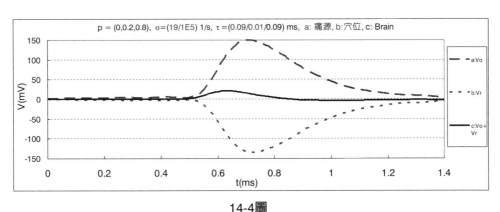

14-4圖

14-2表

	a	b	c
σa(1/sec)	1.90E+01	1.00E+05	1.90E+01
taua(ms)	0.09	0.01	0.09
ωpa(1/sec)	1.63E+03	3.54E+05	1.63E+03
(p1,p2,p3)	(0.,0.2,0.8)	(0.,0.2,0.8)	(0.,0.2,0.8)

在 14-5 圖中，選擇 $\tau_i = \tau_t = 0.09$ ms，$\sigma_t = 19$, 1E4 and 1E5 1/s〔14-3 表的 a, b, c 情況〕，$V_r(t)$, $V_{efb}(t)$ [$= V_i(t) + V_r(t)$] 和 $J_b(t)$ [$= J_i(t) + J_r(t)$] 被計算並顯示出來。$\omega_p = 1.63E3$, 3.74E4 和 1.18E5 1/s 分別適用於 a, b, c 情況。最高的 ω_p 值〔案例 c〕提供了最大的降低效果，最好的針刺麻醉 [$V_r(t) \approx$

$-V_i(t)$, $V_{efb}(t) \approx 0$, $J_b(t) \approx 0]$. a 是沒有針刺的情況 $[V_r = 0$, $V_{efb}(t) = V_i(t)$, $J_b(t) = J_i(t)]$。這個模擬結果表明，針的基本物理作用是提高穴位神經元的電荷密度和電導率。

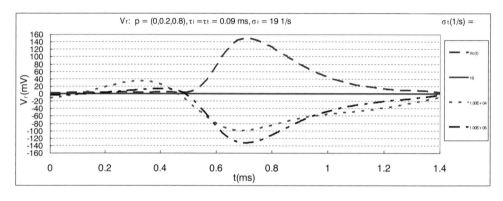

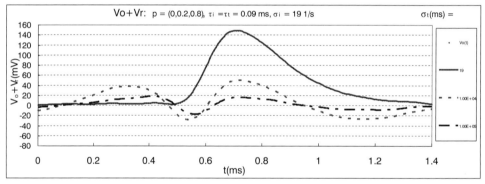

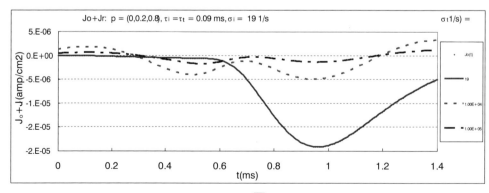

14-5圖

14-3表

	a	b	c
σ(1/sec)	1.90E+01	1.90E+01	1.90E+01
tau(ms)	0.09	0.09	0.09
ωp(1/sec)	1.63E+03	1.63E+03	1.63E+03
(p1,p2,p3)	(0.,0.2,0.8)	(0.,0.2,0.8)	(0.,0.2,0.8)
σa(1/sec)	1.9E+01	1.00E+04	1.00E+05
taua(ms)	0.09	0.09	0.09
ωpa(1/sec)	1.63E+03	3.74E+04	1.18E+05
(p1a,p2a,p3a)	(0.,0.2,0.8)	(0.,0.2,0.8)	(0.,0.2,0.8)

第 15 章

結論

　　我們的模型總結如下：使用簡單的一維模型，研究了神經元組織膜的導電特性。神經膜上的離子密度 $n(x, t)$，電流 $J_e(x, t)$ 和電場 $E(x, t)$ 由 Nernst-Planck 方程式 [eq. (3-3a)] 確定。$n(x, t)$ 和 $E(x, t)$ 通過 Poisson 方程式 [eq. (3-1)] 相關。通過擬合實驗數據，確定了物理性質 $n(x, t)$, $J_e(x, t)$ 和 $E(x, t)$。所有物理常數都是嚴格確定的，例如表 4-1，8-1 和 9-1 中列出的值。這個物理模型克服了霍奇金—赫胥黎理論的以下問題[1, 2]：(1) 傳導通道空間內的電場 $E(x, t)$ 不能從方程中的參數 $n(t)$ 和 $h(t)$ [eqs. (9a) 和 (10a)] 來確定[2]；(2) Na^+ 動作電位數據的初始和起始行為難以擬合[7]。應用（Na-K-Cl）三離子電壓門控通道的動作電位模型，初始和起始行為擬合結果良好 (11-1 圖)。

　　基於離子電阻電流電滲透的基本理論[9] 和電容電流諧波振盪器模型，建立了神經膜電導率的物理模型。採取垂直於膜平面的空間座標的一維模型，解析了空間電荷密度，電場。利用微觀隨機離子擴散模型，推導並成功應用了瞬態電導率，與電導率[2] 和動作電位[7] 的實驗數據物理擬合。這個物理模型避免了霍奇金—赫胥黎電導率理論的數學假設，即變數 $n(t)$ 和 $h(t)$ 的物理含義是未知的。膜離子（K^+ 和 Na^+）的所有物理性質都通過擬合實驗數據[2, 7] 確定，並列在表中。基於（外部）強制產生傳導通道（鈉—鉀泵效應的假設），在第 2 章中推導了膜電流密度和電導的公式。參考文獻 2 的圖 2 和圖 3 中不同類型的 K^+ 和 Na^+ 電導曲線在第 8 章和第 9 章中得到了很好的類比和擬合。實驗數據提供了以下擬合結果。

　　(i) 電容電流比離子電阻電流小到可以忽略不計。神經元膜的電導率由移動離子支配，$\dot{\sigma}_{tot}(t) \approx \sigma_R(t) >> \sigma_C(t)$。

(ii) 在施加通道電壓之前存在背景電壓 ($V_{ext}=V_b \neq 0$ ）。這種非零背景模型解釋了 Hodgkin-Huxley 理論 [7] 無法擬合的 Na^+ 起始動作電位的數據。

(iii) Na^+ 通道的離子粘度對柵極電壓的依賴性與 K^+ 通道的不同。不同 K^+, Na^+ 的擬合電導數據 [Chs. 8 和 9] 已經證明了鈉鉀泵效應的物理學 [6]。

為數學簡單起見，在第 2 和第 3 章中，我們使用一維膜模型並推導了在微觀分析應用上的可解方程式。許多神經元膜物理學已經被開發和報導。為了擬合真實係統的實驗數據 [22]，本理論可以通過較複雜的數學而擴展到二維或三維模型。這是未來神經科學的一個挑戰和有趣的研究領域。

因為迫切需要研發可以解釋不斷增長的複雜生物學數據 [23] 的模型，並將方程式實現為方便使用的模型 [24]。本書中關於神經組織膜電導率的非經驗性物理模型將可以為未來的神經科學研發計劃提供所需的基礎科學背景。

附錄 A. 電阻電導的基本模型

我們考慮由 N 個相同顆粒組成的流體系統。每個粒子在給定的時間 t 時刻都有質量 m 和電荷 q，位置 $\mathbf{r}_j(t)$ 和速度 $\mathbf{v}_j(t)$，（j = 1, 2, ⋯, N）。位置 r 和時間 t 處的粒子密度 n(r, t) 和電流密度 J(r, t) 定義為

$$n(\mathbf{r}, t) = <\textstyle\sum_{j=1}^{N} \delta(r - \mathbf{r}_j(t))>, \tag{A1a}$$

$$\mathbf{J}(\mathbf{r}, t) = <\textstyle\sum_{j=1}^{N} \delta[r - \mathbf{r}_j(t)] \,\mathbf{v}_j(t)>. \tag{A1b}$$

其中 <> 是均衡集合平均值（equilibrium ensemble average）。在有電場 $\mathbf{E}_e(\mathbf{r}, t)$ 的情況下，第 j 個粒子的古典運動方程式為

$$m\frac{d}{dt}\mathbf{v}_j(t) = \mathbf{F}_j(t) = q\mathbf{E}_e[\mathbf{r}_j(t), t] - \zeta\mathbf{v}_j(t) + \mathbf{F}_{ne}[\mathbf{r}_j(t), t] \tag{A2a}$$

$-\zeta\mathbf{v}(t)$ 是粘性力。$\mathbf{E}e$ 是電場。$\mathbf{F}_{ne}$ 是由於非外部電源引起的力。方程式 (A2a) 可以重寫為

$$m\frac{d}{dt}\mathbf{v}_j(t) + \zeta\mathbf{v}_j(t) = q\mathbf{E}_{tot}(t) \tag{A2b}$$

$$\mathbf{E}_{tot}(t) = \mathbf{E}_e(t) + \mathbf{E}_{ne}(t) \tag{A3a}$$

$$\mathbf{E}_{ne}(t) = \frac{1}{q}\mathbf{F}_{ne}(t) \tag{A3b}$$

$\mathbf{E}_{ne}(t)$ 是 $\mathbf{F}_{ne}(t)$ 產生的有效的電場。電位 $V_j(\mathbf{r}, t)$ [j = e, ne, tot] 定義為如下。

$$\mathbf{E}_j(\mathbf{r},\, t) = \frac{1}{q}\mathbf{F}_j(\mathbf{r},\, t) = -\frac{1}{q}\nabla V_j(\mathbf{r},\, t) \tag{A4a}$$

然後，$V_{tot}(t) = V_e(t) + V_{ne}(t)$ (A4b)

總電流密度爲

$$J(t) = qn\mathbf{v}(t) = \int_{-\infty}^{t} dt'\sigma(t - t')E_{tot}(t') = -\frac{1}{L}\int_{-\infty}^{t}\sigma(t - t')V_{tot}(t') \tag{A5}$$

電導定義爲：

$$\mathcal{G}(t) = -\frac{J_{tot}(t)}{V_e(t)} \tag{A6a}$$

$$\mathcal{G}(\text{m.mho cm}^{-2}) = -\frac{J_{tot}(\text{amp/cm}^2)}{V_e(\text{mV})}\times 9.9864\text{E}5 \tag{A6b}$$

動作電位生成模型

動態電流 J(x, t) 為傳播電磁波 E(x, t) 和 B(x, t) 的來源。運動方程式源自麥克斯韋方程式。

$$\nabla \mathbf{x} \mathbf{E}(\mathbf{x}, t) + \frac{1}{c} \frac{\partial}{\partial t} \mathbf{B}(\mathbf{x}, t) = 0 \tag{B-1a}$$

$$\nabla \mathbf{x} \mathbf{B}(\mathbf{x}, t) = \frac{4\pi}{c} \mathbf{J}(\mathbf{x}, t) + \frac{\varepsilon}{c} \frac{\partial}{\partial t} \mathbf{E}(\mathbf{x}, t) \tag{B-1b}$$

如圖 3-1 所示，在神經膜模型系統中，選擇 x 軸垂直於膜 (yz) 平面。我們假設 z 軸是電磁波的傳播方向。

$$J(x, t) = [J(z, t), 0, 0] \qquad 給出 J(0, t) \tag{B-2a}$$

$$B(x, t) = [0, B(z, t), 0] \tag{B-2b}$$

$$E(x, t) = [E(z, t), 0, 0] \tag{B-2c}$$

方程式 (B-1a)，(B1b) 可以改寫為

$$\frac{\partial}{\partial z} E(z, t) + \frac{1}{c} \frac{\partial}{\partial t} B(z, t) = 0 \tag{B-3a}$$

$$-\frac{\partial}{\partial z} B(z, t) = \frac{4\pi}{c} J(z, t) + \frac{\varepsilon}{c} \frac{\partial}{\partial t} E(z, t) \tag{B-3b}$$

從方程式 (B-3a), (B-3b)，我們得到

$$\frac{\partial^2}{\partial z^2} E(z, t) - \frac{\varepsilon}{c^2} \frac{\partial^2}{\partial t^2} E(z, t) = \frac{4\pi}{c^2} \frac{\partial}{\partial t} J(z, t) \tag{B-4}$$

　　動態電流 $J(z, t)$ 是橫向電磁波 $E(z, t)$ 的來源，該電磁波沿平行於膜表平面的方向（z 軸）傳播。ε 是傳播介質的介電常數。對於設定的膜厚度 L，電勢 $V(z, t)$ 為

$$V(z, t) = - LE(z, t) \tag{B-5a}$$

然後
$$\frac{\partial^2}{\partial z^2} V(z, t) - \frac{1}{v^2} \frac{\partial^2}{\partial t^2} V(z, t) = - L \frac{4\pi}{c^2} \frac{\partial}{\partial t} J(z, t) \tag{B-5b}$$

$$v = \frac{c}{\sqrt{\varepsilon}} \tag{B-5c}$$

v 是膜中 EM 波的速度。產生的有效動作電位 $V_{eff}(t)$ 由值 $V(0, t)$ 來定義。

$$V_{eff}(t) = V(0, t) \tag{B-6}$$

為了數學上的簡化，我們為 $J(z, t)$ 選取了一個簡單的模型。

$$J(z, t) = G_o \exp(- \frac{z^2}{\Delta z^2}) g(t) \tag{B-7}$$

$V(z, t)$ 的微分方程 (B-5b) 可以利用格林函數技術求解。從等式 (B-6)，我們得到以下結果。

$$V_{eff}(t) = V(0, t) = \frac{V_o}{a_o} \int_0^\infty d\tau f(t - \tau) \int_{-\infty}^\infty dk \, \mathcal{F}(k) \frac{v}{k} \sin(kv\tau) \tag{B-8a}$$

$$f(t) = \frac{\partial}{\partial t} g(t) \tag{B-8b}$$

$$\mathcal{F}(k) = \int_{-\infty}^\infty \frac{dk}{2\pi} \exp(-ikz) F(z) = F_o \Delta z \sqrt{\pi} \exp(- \frac{k^2 \Delta z^2}{4}) \tag{B-9a}$$

$$F(z) = F_o \exp(- \frac{z^2}{\Delta z^2}) \tag{B-9b}$$

$$F_o = -\frac{4\pi}{c^2}\frac{a_o}{V_o}G_oL \qquad \text{(B-9c)}$$

$$a_o = 1 \text{ cm}^2 \qquad \text{(B-9d)}$$

$$V_o = 1 \text{ mV} \qquad \text{(B-9e)}$$

$$V_{eff}(t) = V(0, t) = \frac{V_o}{a_o}\int_0^\infty d\tau f(t - \tau)\int_{-\infty}^\infty dk\, \mathcal{F}(k)\frac{v}{k}\sin(kv\tau) \qquad \text{(B-10a)}$$

$$V_{eff}(t) = \frac{V_o}{a_o}F_o\Delta z\sqrt{\pi}\int_0^\infty d\tau f(t - \tau)Q(\tau) \qquad \text{(B-10b)}$$

$$Q(\tau) = \int_{-\infty}^\infty \exp(-\frac{k^2\Delta z^2}{4})\frac{v}{k}\sin(kv\tau) \qquad \text{(B-10c)}$$

$$\frac{\partial}{\partial\tau}Q(\tau) = \int_{-\infty}^\infty dk\exp(-\frac{k^2\Delta z^2}{4})v^2\cos(kv\tau) = v^2\frac{2}{\Delta z}\sqrt{\pi}\,\exp(-\frac{v^2\tau^2}{\Delta z^2}) \qquad \text{(B-10d)}$$

$$Q(\tau) - Q(0) = \frac{2}{\Delta z}\sqrt{\pi}v^2\int_0^\tau d\xi\exp(-\frac{v^2\xi^2}{\Delta z^2}) \qquad \text{(B-10e)}$$

$$Q(0) = \int_{-\infty}^\infty dk\exp(-\frac{k^2\Delta z^2}{4})\frac{v}{k}\sin(kv0) = 0$$

$$Q(\tau) = \frac{2}{\Delta z}\sqrt{\pi}v^2\int_0^\tau d\xi\exp(-\frac{v^2\xi^2}{\Delta z^2}) \qquad \text{(B-10f)}$$

$$Q(\tau) = 2\sqrt{\pi}v\int_0^{x_o} dx\,\exp(-x^2) \qquad \text{(B-10g)}$$

$$V_{eff}(t) = \frac{V_o}{a_o}F_o\Delta z\sqrt{\pi}\int_0^\infty d\tau f(t - \tau)Q(\tau) \qquad \text{(B-8b)}$$

從程式 (B-8b) 和 (B10g)，

$$V_{eff}(t) = \frac{V_o}{a_o}F_o 2\pi v\Delta z\int_0^\infty d\tau f(t - \tau)\int_0^{x_o} dx\,\exp(-x^2) \qquad \text{(B-11a)}$$

從程式 (B-8b)， $\qquad f(t - \tau) = -\frac{\partial}{\partial\tau}g(t - \tau),$ $\qquad$ (B-11b)

$$x_o(\tau) = \frac{v\tau}{\Delta z} = \frac{v}{\Delta z}\tau \tag{B-11c}$$

$$V_{eff}(t) = \frac{V_o}{a_o}F_o 2\pi v^2 \int_0^\infty d\tau g(t-\tau)\exp(-\frac{v^2\tau^2}{\Delta z^2}) = -\frac{8\pi^2}{\varepsilon}LG_o\int_0^\infty d\tau g(t-\tau)\exp(-\frac{v^2\tau^2}{\Delta z^2}) \tag{B-11d}$$

從等式 (B-7) 中的定義，

$$J(0, t) = G_o g(t) \tag{B-11e}$$

$$V_{eff}(t) = -\frac{8\pi^2}{\varepsilon}\int_0^\infty d\tau J(0, t-\tau)\exp(\frac{v^2\tau^2}{\Delta z^2}) \tag{B-11f}$$

定義
$$\tau_o = \frac{\Delta z}{v} \quad \Delta z = v\tau_o \tag{B-12a}$$

$$V_{eff}(t) = -\frac{8\pi^2}{\varepsilon}L\int_0^\infty d\tau J(0, t-\tau)\exp(-\frac{\tau^2}{\tau_o^2}) \tag{B-12b}$$

定義
$$\Sigma_o = \frac{\varepsilon}{4\pi^{5/2}\tau_o} \tag{B-12d}$$

$$\tau_o(s) = \frac{\varepsilon}{4\pi^{5/2}\Sigma_o} \tag{B-12e}$$

定義
$$V_{eff}(t) = -\frac{L}{\Sigma_o}<J(0, t)> \tag{B-13a}$$

$$<J(0, t)> = \frac{2}{\sqrt{\pi}\,\tau_o}\int_0^\infty d\tau J(0, t-\tau)\exp(-\frac{\tau^2}{\tau_o^2}) \tag{B-13b}$$

定義 $\quad x = \frac{\tau}{\tau_o} \qquad \tau = \tau_o x \qquad d\tau = \tau_o\, dx$

$$<J(0, t)> = \frac{2}{\sqrt{\pi}}\int_0^\infty dx J(0, t-\tau_o x)\exp(-x^2) \tag{B-14}$$

數值計算：

設定：$\varepsilon, \Sigma_o, J(0, t)$

計算：$\tau_o, <J(0, t)>, V_{eff}(t)$

t(ms)

$$\tau_o(s) = \frac{\varepsilon}{4\pi^{5/2}\Sigma_o} \qquad \tau_o(ms) = \tau_o(s)*1000 \qquad (B\text{-}12e)$$

$$<J(0,\,t)> = \frac{2}{\sqrt{\pi}} \int_0^{\infty} dx J(0,\,t-\tau_o x)\exp(-x^2) \qquad (B\text{-}14)$$

$$V_{eff}(t) = -\frac{L}{\Sigma_o} <J(0,\,t)> \qquad (B\text{-}13a)$$

$$\Delta z = v\tau_o \qquad\qquad \Delta z = \frac{c}{\sqrt{\varepsilon}}\,\tau_o$$

$$c = 3E7 \text{ cm/ms} \qquad \tau_o(ms) \qquad\qquad \Sigma_o(1/s)$$

如果我們採取 $\Delta z \approx L = 1E\text{-}7$ cm，v = 3e10 cm，

$$\tau_o = \frac{\Delta z}{v} = 0.33E\text{-}17 \text{ sec} = 3.3E\text{-}15 \text{ ms} \ll t \approx 1 \text{ ms} \qquad (B\text{-}15a)$$

$$x \approx 1\tau_o x \approx 3.3E\text{-}15 \text{ ms}$$

$$t \approx 1 \text{ ms} \gg \tau_o x \qquad t-\tau_o x \approx t \qquad (B\text{-}15b)$$

$$J(0,\,t-\tau_o x) \approx J(0,\,t) \qquad <J(0,\,t)> \approx J(0,\,t)$$

$$V_{eff}(t) \approx -\frac{L}{\Sigma_o} J(0,\,t) \qquad (B\text{-}15c)$$

擴展的 Drude 電導率模型

在靜態極限中，電場 E(t) 和電流密度 J(t) 的關係如下。

$$J(t) = \sigma_o E(t) \tag{C-1}$$

常數 σ_o 是電導率。然而，電導率通常與時間有關。等式 (C-1) 應推廣成 [10, 11]，

$$J(t) = \int_{-\infty}^{t} dt' \sigma(t - t') E(t'). \tag{C-2}$$

通過傅里葉變換，

$$J(\omega) = \sigma(\omega) E(\omega). \tag{C-3}$$

$J(\omega)$, $\sigma(\omega)$, $E(\omega)$ 分別是 $J_e(t)$, $\sigma(t)$, $E(t)$ 的傅里葉分量。極限 $\sigma(0) = \sigma_o$ 是靜態電導率。我們提出以下簡單的擴展式 Drude 模型電導率。

$$\sigma(\omega, \tau) = \mathcal{P}_1 \sigma^{(1)}(\omega, \tau) + \mathcal{P}_1 \sigma^{(2)}(\omega, \tau) + \mathcal{P}_1 \sigma^{(3)}(\omega, \tau), \tag{C-4a}$$

$$\sigma(t, \tau) = \mathcal{P}_1 \sigma^{(1)}(t, \tau) + \mathcal{P}_2 \sigma^{(2)}(t, \tau) + \mathcal{P}_3 \sigma^{(3)}(t, \tau), \tag{C-4b}$$

$$\mathcal{P}_1 + \mathcal{P}_2 + \mathcal{P}_3 = 1. \tag{C-4c}$$

$$\tau = \frac{m}{\zeta} \tag{C-4d}$$

m 是電荷載體離子的質量，ζ 是離子流體的摩擦常數。

$$\sigma^{(1)}(\omega, \tau) = \frac{\sigma_o}{1 - i\omega\tau} \tag{C-5a}$$

$$\sigma^{(1)}(t, \tau) = \frac{\sigma_o}{\tau}\exp(-\frac{t}{\tau_o})\Theta(t) \tag{C-5b}$$

$$\Theta(t) = 1 \text{ for } t \geq 0 \tag{C-5c}$$

$$\Theta(t) = 0 \text{ for } t < 0 \tag{C-5d}$$

$$\sigma^{(2)}(\omega, \tau) = \frac{\sigma_o}{(1 - i\omega\tau)^2} \tag{C-6a}$$

$$\sigma^{(3)}(\omega, \tau) = \frac{\sigma_o}{(1 - i\omega\tau)^3} \tag{C-6b}$$

$$\sigma^{(2)}(t, \tau) = \sigma_o\frac{1}{\tau}\frac{t}{\tau}\exp(-\frac{t}{\tau})\Theta(t) \tag{C-7a}$$

$$\sigma^{(3)}(t, \tau) = \sigma_o\frac{1}{2\tau}(\frac{t}{\tau})^2\exp(-\frac{t}{\tau})\Theta(t) \tag{C-7b}$$

諧波振蕩器模型的電容電流

光學吸收的微觀理論：

$$\left[\frac{d^2}{dt^2} + \gamma\frac{d}{dt} + \omega_o^2\right]\mathbf{x}(t) = -\frac{e}{m}\mathbf{E}(t) = -\frac{e}{m}\mathbf{E}oe^{-i\omega t} \qquad \text{(D-1)}$$

$$\gamma = \frac{\zeta}{m} = \frac{1}{\tau} \qquad \text{(D-2)}$$

定義 $\mathbf{x}(t) = \mathbf{x}_o e^{-i\omega t}$

$$\left[-\omega^2 - i\gamma\omega + \omega_o^2\right]\mathbf{x}_o e^{-i\omega t} = -\frac{e}{m}\mathbf{E}oe^{-i\omega t}$$

$$\mathbf{x}(t) = \frac{e/m}{\omega^2 + i\gamma\omega - \omega_o^2}\mathbf{E}(t) \qquad \text{(D-3)}$$

座標原點選在原子核處，則感應電偶極矩為

$$\mathbf{p}(t) = -e\mathbf{x}(t) = \alpha E(t) \qquad \text{(D-4a)}$$

$$\alpha = \frac{-e^2/m}{\omega^2 + i\gamma\omega - \omega_o^2} \qquad \text{(D-4b)}$$

α 是原子的極化性係數。體積 V 的樣品中有 N 個原子。樣品的總電偶極矩為 Np。這種原子介質的電極化是

$$\mathbf{P}(t) = N\mathbf{p}(t)/V = n_o\mathbf{p} = n_o\alpha(\omega)\mathbf{E}(t)$$

$$\mathbf{P} = \chi_p(\omega)\mathbf{E}(t) \qquad \text{(D-5a)}$$

$\chi_p(\omega)$ 是材料的電敏感性。

$$\chi_p(\omega) = n_o\alpha(\omega) = -\frac{n_oe^2}{m}\frac{1}{\omega^2 + i\gamma\omega - \omega_o^2} = -\frac{1}{4\pi}\frac{\omega_p^2}{\omega^2 + i\gamma\omega - \omega_o^2} \qquad \text{(D-5b)}$$

The plasma frequency ω_p is defined as

定義電漿頻率 ω_p 為

$$\omega_p^2 = 4\pi\frac{n_oe^2}{m} \qquad \text{(D-5c)}$$

靜電敏感性為

$$\chi_s = \chi_p(0) = \frac{n_oe^2}{m\omega_o^2} = \frac{\omega_p^2}{4\pi\omega_o^2} \qquad \text{(D-6a)}$$

$$\chi_s\omega_o^2 = \frac{n_oe^2}{m} = \frac{\omega_p^2}{4\pi}$$

那麼靜態介電常數為

$$\varepsilon_s = 1 + 4\pi\chi_s = 1 + \frac{\omega_p^2}{\omega_o^2} \qquad \text{(D-6b)}$$

$$\chi_p(\omega) = -\chi_s\frac{\omega_o^2}{\omega^2 + i\gamma\omega - \omega_o^2} \qquad \text{(D-6c)}$$

如果所有電荷都未綁定，則 $\omega_o = 0$，從等式 (E-5b)，

$$\chi(\omega) = -\frac{n_oe^2}{m}\frac{1}{\omega^2 + i\gamma\omega} = -\frac{1}{4\pi}\frac{\omega_p^2}{\omega^2 + i\gamma\omega} \qquad \text{(D-7a)}$$

電導率 $\sigma(\omega) = -i\omega\chi(\omega) = i\frac{1}{4\pi}\frac{\omega_p^2}{\omega + i\gamma} \qquad \text{(D-7b)}$

定義 $\tau = \frac{1}{\gamma} \qquad \text{(D-8a)}$

$$\sigma(\omega) = \frac{\sigma_o}{1 - i\omega\tau} \tag{D-8b}$$

$$\sigma_o = \sigma(0) = \frac{n_o e^2}{m}\tau = \frac{1}{4\pi}\omega_p^{\ 2}\tau \tag{D-8c}$$

從等式 (D-7a) 和 (D-6c)，我們將一般電導率定義為

$$\sigma_p(\omega) = -i\omega\chi_p(\omega) = i\chi_s\omega_o^{\ 2}\ \frac{\omega}{\omega^2 + i\gamma\omega - \omega_o^{\ 2}} \tag{D-9a}$$

$$\sigma_p(t) = -\int_{-\infty}^{\infty}\frac{d\omega}{2\pi}\sigma_p(\omega)\exp(-i\omega t) = i\chi_s\omega_o^{\ 2}\int_{-\infty}^{\infty}\frac{d\omega}{2\pi}\ \frac{\omega}{\omega^2 + i\gamma\omega - \omega_o^{\ 2}}\ \exp(-i\omega t) \tag{D-9b}$$

令 $\sigma_p(t) = \chi_s\dfrac{\partial}{\partial t} H(t, \omega_o, \gamma)\ (t > 0)$ \hfill (D-10a)

$$H(t, \omega_o, \gamma) = -\int_{-\infty}^{\infty}\frac{d\omega}{2\pi}\ H(\omega, \omega_o, \gamma)\ \exp(-i\omega t) \tag{D-10b}$$

$$\sigma_p(t) = -i\chi_s\int_{-\infty}^{\infty}\frac{d\omega}{2\pi}\ \omega H(\omega, \omega_o, \gamma)\ \exp(-i\omega t) \tag{D-10c}$$

從 (E-9b) 和 (E-10c)，

$$H(\omega, \omega_o, \gamma) = -\omega_o^{\ 2}\frac{1}{\omega^2 + i\gamma\omega - \omega_o^{\ 2}} \tag{D-10d}$$

從程式 (D-10b)，

$$H(t, \omega_o, \gamma) = \int_{-\infty}^{\infty}\frac{d\omega}{2\pi}\ H(\omega, \omega_o, \gamma)\ \exp(-i\omega t) = \omega_o^{\ 2}\frac{1}{\beta}\exp(-\frac{1}{2}\gamma t)\sin(\beta t)(t > 0) \tag{D-11a}$$

$$\beta = (\omega_o^{\ 2} - \frac{1}{4}\gamma^2)^{1/2} \tag{D-11b}$$

$$\sigma_p(t) = \chi_s\frac{\partial}{\partial t}\ H(t, \omega_o, \gamma)$$

$$\sigma_p(t) = \frac{1}{2}\chi_s\omega_o^2\frac{\gamma}{\beta}\exp(-\frac{1}{2}\gamma t)[-\sin(\beta t) + 2\frac{\beta}{\gamma}\cos(\beta t)] \quad (t > 0) \quad \text{(D-11c)}$$

如果我們通過以下關係定義新參數：τ_{sc} 和 τ_{oc}。

$$\gamma = \frac{2}{\tau_{sc}} \tag{D-12a}$$

$$\omega_o = \frac{1}{\tau_{oc}} \tag{D-12b}$$

然後　$\xi = \frac{1}{\tau_{oc}}(t_{sc}^2 - t_{oc}^2)^{1/2}$　(D-12c)

$\beta = \frac{1}{\tau_{sc}}\xi$　(D-12d)

定義　$\varepsilon_s = 1 + 4\pi\chi_s \qquad \varepsilon_s = 1 + 4\pi\chi_s$　(D-13a)

$\chi_s = \frac{\varepsilon_s - 1}{4\pi}$　(D-13b)

$$\sigma_p(t) = \frac{\varepsilon_s - 1}{4\pi}\frac{1}{\tau_{oc}}\frac{\tau_{sc}}{(\tau_{sc}^2 - \tau_{oc}^2)^{1/2}}\frac{1}{\tau_{sc}}\exp(-\frac{t}{\tau_{sc}})[-\sin(\xi\frac{t}{\tau_{sc}}) + \xi\cos(\xi\frac{t}{\tau_{sc}})]$$

(D-13c)

令　$F_C(t) = \frac{1}{\tau_{sc}}\exp(-\frac{t}{\tau_{sc}})[-\sin(\xi\frac{t}{\tau_{sc}}) + \xi\cos(\xi\frac{t}{\tau_{sc}})]$　(D-14a)

$\sigma_p(t) = \frac{\varepsilon_s - 1}{4\pi}\frac{1}{\tau_{oc}}\frac{\tau_{sc}}{(\tau_{sc}^2 - \tau_{oc}^2)^{1/2}}F_C(t)$　(D-14b)

旋轉板門的動態特性

我們假設通道門是一個旋轉板，轉軸是垂直於傳導通道方向（E-1 圖的 x- 方向）。

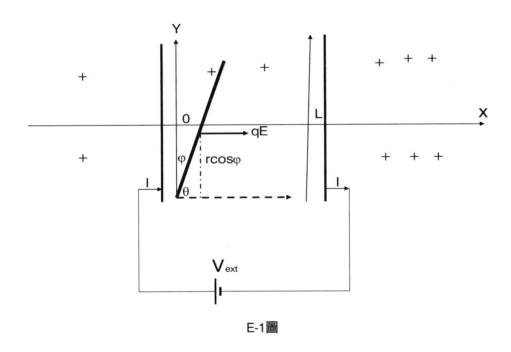

E-1圖

假設 (1) $\varphi(t)$ 是板平面和 yz 平面之間的角度，(2) I 是該板圍繞軸的慣性矩。

$$I\frac{d^2}{dt^2}\varphi(t) = \mathcal{N} = r\mathcal{F} = rqE\cos\varphi \qquad (E1a)$$

$\mathcal{N}$ 是扭矩，產生於作用在有效電荷 q 的板上的電力 $\mathcal{F}$（= qE）。I 是

這個板塊的慣性矩。

$$E(t) = -V_{ext}(t)/L \qquad (E1b)$$

$V_{ext}(t)$ 是施加在厚度為 L 的膜上的外部電壓。從 (E1a)，(E1b)，

$$\frac{d^2}{dt^2}\varphi(t) = \alpha\cos\varphi \qquad (E2a)$$

$$\alpha = -\frac{qr}{IL}V \qquad (E2b)$$

我們假設在外部電壓在 t_a 時間打開之前，板門處於打開狀態（$\varphi = \pi/2$）。

$$V_{ext}(t) = 0 \qquad \varphi(t) = \frac{\pi}{2} \qquad t \le t_a \qquad （打開） \qquad (E3a)$$

$$V_{ext}(t) = V_a \qquad 0 < \varphi(t) < \frac{\pi}{2} \qquad t_a < t < \infty \quad （關閉中） \qquad (E3b)$$

$$\varphi(t) \to 0 \qquad t \to \infty \qquad\qquad （關閉） \qquad (E3c)$$

從 (E2a)，(E3a)(E3b) 和 (E3c)，我們得到以下結果，

$$F[\varphi(t)] = -\int_{\pi/2}^{\varphi(t)} \frac{dx}{[\sin x]^{1/2}} = \gamma t \qquad (E4a)$$

$$\gamma = (2\alpha)^{1/2} = (-2\frac{qr}{IL}V)^{1/2} > 0 \text{ for} \qquad V < 0 \qquad (E4b)$$

$\gamma(= 1/\tau_c)$ 是與板門的動態特性相關的時間常數。

模型三離子通道靜止電位

　　正如第 4 章所推導出的，長度爲 L（3-1 圖）的單個離子通道（K^+，Na^+ 或 Cl^-）的靜止電位與其能斯特平衡電位相同。

$$V_{rest} = V_{ne} = -\eta\frac{k_B T}{e}\ln\frac{n_2}{n_1}. \tag{F1}$$

對於 K^+ 或 Na^+ 通道，$\eta = 1$，對於 Cl^- 通道，$\eta = -1$。

$$V_{rest} = -\frac{k_B T}{e}\ln\frac{n_2}{n_1} \qquad 用於K^+ \ or \ Na^+。 \tag{F2a}$$

$$V_{rest} = \frac{k_B T}{e}\ln\frac{n_2}{n_1} = -\frac{k_B T}{e}\ln\frac{n_1}{n_2} \qquad 用於Cl^-。 \tag{F2b}$$

我們考慮一個虛擬的正電 D^+ 通道，$\eta = 1$。並假設 $n_1(D^+) = n_2(Cl^-)$, $n_2(D^+) = n_1(Cl^-)$。從 (F2a) 和 (F2b)，

$$V_{rest}(D^+) = -\frac{k_B T}{e}\ln\frac{n_2(D^+)}{n_1(D^+)} = -\frac{k_B T}{e}\ln\frac{n_1(Cl^-)}{n_2(Cl^-)} = V_{rest}(Cl^-) \tag{F3}$$

　　Cl- 通道的性質分別如 10-5 圖所示。我們現在對 D^+ 通道執行相同的計算。參數如 F1 表所示，性質與 Cl- 完全相同。該數值結果證明負電荷（Cl^-）和正電荷（D^+）通道具有相同的屬性。例如 V_{ne}, J, V_{eff}。因此，對於具有 K^+, Na^+ 和 Cl^- 的神經元多離子通道，V_{rest}, J, V_{eff} 和 V_{ac} 的性質可以計算爲具有 K^+, Na^+ 和 D^+ 的多離子通道性質。

F1表

	Cl	D+
$T(K)$	310	310
$n_1(mM)$	32	2.23
η	-1	1
$L(cm)$	1.08E-07	1.08E-07
ε_c	1.01E+00	1.01E+00
$n_2(mM)$	2.23	32
$V_{eq}(mV)$	-7.12E+01	-7.12E+01
$\Delta x/L$	3.58E-01	1.36E+00
$\zeta(g/sec)$	5.62E-01	5.62E-01
$D_f(cm2/sec)$	7.62E-14	7.62E-14
$\sigma(1/sec)$	4.238E+00	4.238E+00
$\sigma_o(1/sec)$	7.44E+00	7.44E+00
$\sigma_D(1/sec)$	-3.20E+00	-3.20E+00
$\tau(ms)$	0.35	0.35
$\omega_p(1/sec)$	390.1	390.1
$V_{bb}(mV)$	1	1
$V_{neo}(mV)$	-15	-15
(p_1,p_2,p_3)	(0.1,0.2,0.7)	(0.1,0.2,0.7)
$\tau_o(ms)$	3.415	3.415
$\sum(1/sec)$	4.238E+00	4.238E+00

我們將 n(x) 定義為膜區域內的離子密度（$0 < x < L$）。$n_1 = n(0^+)$ 和 $n_2 = n(L^-)$ 是外膜和內膜表面的密度。$n(0^+) = \alpha\, n(0^-)$ 和 $n(L^-) = \alpha\, n(L^+)$。α 是離子穿過膜壁的滲透性係數。所以，

$$V_{rest}(\alpha) = -\frac{k_B T}{e} \ln[\frac{\alpha n_2}{\alpha n_1}] = -\eta\frac{k_B T}{e}\ln\frac{n_2}{n_1} \tag{F4}$$

對於具有 K^+, Na^+ 和 Cl^- 的神經元多離子通道，推導要復雜得多。然而，我們可以將膜區域視為平均單離子通道 (D^+)。$n_1(D^+) = \alpha n_{1Na} + \beta n_{1K} + \gamma n_{2cl}$

and $n_2(D^+) = \alpha n_{2Na} + \beta n_{2K} + \gamma n_{1cl}$ 。

$$V_{rest}(\alpha, \beta, \gamma) = -\frac{k_B T}{e} \ln[\frac{\alpha n_{2Na} + \beta n_{2K} + \gamma n_{1cl}}{\alpha n_{1Na} + \beta n_{1K} + \gamma n_{2cl}}] \tag{F5}$$

α, β, γ 是三種離子穿過膜壁的滲透性。方程式 (F5) 是 Goldman-Hodgkin-Katz 方程 [13, 14]。

物理參數單位

為了數學上的方便，我們以下列公式定義 V_o, n_o, L_o, m_o, τ_o, E_o, ζ_o, σ_o 和 J_o。

$$V_o = 4\pi e n_o L_o^2 \tag{G-1a}$$

$$E_o = \frac{V_o}{L_o} = 4\pi e n_o L_o \tag{G-1b}$$

$$\zeta_o = \frac{m_o}{\tau_o} \tag{G-1c}$$

$$\sigma_o = \frac{e^2}{\zeta_o} n_o \tag{G-1d}$$

$$J_o = \sigma_o E_o \tag{G-1e}$$

為了方便擬合實驗數據，我們選擇以下數值。

$$V_o = 1 \text{ mV} = 1E-3V = 3.33564E-6\frac{g^{1/2}cm^{1/2}}{sec} \tag{G-2a}$$

$$n_o = 1 \text{ mM} = 6.02214199E+17 \text{ cm}^{-3} \tag{G-2b}$$

$$m_o = \text{proton mass} = .16726E-23 \text{ g} \tag{G-2c}$$

$$\tau_o = 1 \text{ ms} = 1.E-3 \text{ s} \tag{G-2d}$$

$$L_o = 0.30272152E-7 \text{ cm} \tag{G-3a}$$

$$E_o = 4\pi e n_o L_o = V_o\frac{1}{L_o} = 1.101121E2\frac{g^{1/2}}{sec\ cm^{1/2}} \tag{G-3b}$$

$$\zeta_o = \frac{m_o}{\tau_o} = 1.67262158E-21 \text{ g/s} \tag{G-3c}$$

$$\sigma_o = n_o\frac{e^2}{\zeta_o} = 8.3179537E19 \text{ sec}^{-1} \tag{G-3d}$$

$$J_o = \sigma_o E_o = \frac{1}{\zeta_o} e^2 n_o E_o = 9.1592 \; E + 21 \frac{g^{1/2}}{cm^{1/2} sec^2} \qquad \text{(G-3e)}$$

$$J_o = 3.0551 \; E + 12 \; amp/cm^2 \qquad \text{(G-3e)}'$$

電流密度：$[J] = [\rho v] = \dfrac{m^{1/2}}{x^{3/2}t} \dfrac{x}{t} = \dfrac{m^{1/2}}{x^{1/2}t^2} = \dfrac{g^{1/2}}{cm^{1/2}sec^2}$

電流：$[I] = [\rho vA] = \dfrac{m^{1/2}}{x^{1/2}t^2} x^2 = \dfrac{m^{1/2} \, x^{3/2}}{t^2} = \dfrac{g^{1/2} \, cm^{3/2}}{sec^2}$

電流：$1 \; amp = 2.998 \times 10^9 \dfrac{g^{1/2} \, cm^{3/2}}{sec^2}$

$1 \; amp/cm^2 = 2.998 \times 10^9 \dfrac{g^{1/2}}{cm^{1/2}sec^2}$

$1 \dfrac{g^{1/2}}{cm^{1/2}sec^2} = \dfrac{1}{2.998 \times 10^9} \; amp/cm^2$

$J_o = 9.1592 \; E + 21 \dfrac{1}{2.998 \times 10^9} \; amp/cm^2$

$J_o = 3.0551 \; E + 12 \; amp/cm^2$

$e^2 = 2.310272474 \quad E\text{-}19 \dfrac{g \, cm^3}{sec^2}$

定義 $\quad \dfrac{n(x)}{n_o} = \hat{n}(x) \qquad \dfrac{E(x)}{E_o} = \hat{E}(x)$

$n(x) = n_o \hat{n}(x) \qquad n_o = 1 \; mM = 6.02214199E + 17 \; cm^{-3} \qquad \text{(G4a)}$

$E(x) = E_o \hat{E}(x) \qquad E_o = 1.101121E2 \dfrac{g^{1/2}}{sec \; cm^{1/2}} \qquad \text{(G4b)}$

定義 $\quad \dfrac{\zeta}{\zeta_o} = \hat{\zeta}$

$\zeta(x) = \zeta_o \hat{\zeta} \qquad \zeta_o = 1.67262158E - 21 \; g/s \qquad \text{(G4c)}$

$J(x) = J_o \hat{J}(x) \qquad \text{(G5a)}$

$$J_o = \frac{e^2}{\zeta_o} n_o E_o \qquad \hat{J(x)} = \frac{1}{\hat{\zeta}} \hat{n(x)} \hat{E(x)} \qquad\qquad (G5b)$$

$$J_o = 9.1592\ E + 21\ \frac{g^{1/2}}{cm^{1/2} sec^2} = 3.0551\ E+12\ amp/cm^2 \qquad (G5c)$$

action potential	動作電位
acupuncture anesthesia	針刺麻醉
acupuncture point	穴位
acupuncture meridians	針灸經絡
axon	軸突
classical equation of motion	古典運動方程式
damped harmonic oscillator model	阻尼諧振子模型
effective potential	有效電位
electric capacitance	電容
electric conductance	電導
electric conductivity	電導率
electric current density	電流密度
electric polarization	電極化
electric resistance	電阻
electric susceptibility	電敏感性
electroosmosis	電滲
equilibrium ensemble average	均衡集合平均值
induced electric dipole	感應電偶極矩
ion-gated channel	門控離子通道
ionic diffusion current	離子擴散電流
membrane potential	膜電位
microscopic	微觀

neural signal	神經信號
neuron	神經元
neuronal membrane	神經元膜
noise	雜訊
permeability	滲透性
plasma frequency	電漿頻率
polarizability	極化性係數
porous material	多孔材料
rest potential	靜止電位
sodium pump	鈉泵
stochastic statistical physics	隨機統計物理
voltage-gated channel	電壓門控通道

參考文獻

[1]   Christof Koch, *Biophysics of Computation, Information Processing in Single Neurons,* Chapter 6, *The Hodgkin-Huxley Model of Action Potential Generation*, Oxford University Press, (1999).
       Christof Koch，「計算生物物理學，單神經元之信息處理」，第 6 章，動作電位生成的霍奇金－赫胥黎模型，牛津大學出版社（1999 年）。

[2]   A. L. Hodgkin and A. F. Huxley, *A quantitative Description of Membrane Current and its Application to Conduction and excitation in Nerve*, J. Physiol. **117**, 500-544 (1952).
       A. L. Hodgkin and A. F. Huxley，「膜電流的定量描述及其在神經傳導和激發中的應用」，J. Physiol, **117**, 500-544（1952 年）。

[3]   C. M. Armstrong, *Sodium channels and gating currents*, Physiol. Rev. **61**, 644-683 (1981).
       C. M. Armstrong，「鈉通道和門控電流」，Physiol. Rev. **61**, 644-683（1981 年）。

[4]   D. A. Doyle, J. M. Cabral, R. A. Pfuetzner, A. Kuo, J. M. Gulbis, S. L. Cohen, B. T. Chait, R. MacKinnon, *The Structure of the Potassium Channel: Molecular Basis of K+ Conduction and Selectivity*, Science **280**, 68-77 (1998).
       D. A. Doyle, J. M. Cabral, R. A. Pfuetzner, A. Kuo, J. M. Gulbis, S. L. Cohen, B. T. Chait, R. MacKinnon，「鉀通道的結構：K+ 傳導和選擇性的分子基礎」，Science **280**, 68-77（1998 年）。

[5]   L. J. Gentet, G. J. Stuart and J. D. Clements, *Direct Measurement of Specific Membrane Capacitance in Neurons*, Biophysical J. **79**, 314-320 (2000).

L. J. Gentet, G. J. Stuart, J. D. Clements, J. D. Clements，「神經元中特定膜電容的直接測量」，Biophysical J. **79**, 314-320（2000 年）。

[6]   C. M. Armstrong, *The Na/K pump, Cl ion, and osmotic stabilization of cells*, PNAS **100**, 6257-6262 (2003).

C. M. Armstrong, Na/K 泵，Cl 離子和細胞的滲透穩定性，PNAS **100**, 6257-6262（2003 年）。

[7]   B. Naundorf, F. Wolf and M. Volgushev, *Unique feathers of action potential intiation in cortical neurons*, Nature **440**, 1060-1063 (2006).

B. Naundorf, F.Wolf and M. Volgushev，「皮層神經元動作電位起始的獨特特徵」，Nature **440**, 1060-1063（2006 年）。

[8]   C. Meunier and I. Segev, *Playing the Devil's Advocate: is the Hodgkin-Huxley Model Useful?*, Trends Neurosciences **25**, 558-563 (2002).

C. Meunier and I. Segev，「扮演魔鬼的擁護者：霍奇金—赫胥黎模型有用嗎？」，Trends Neurosciences **25**, 558-563（2002 年）

[9]   T. W. Nee, *Theory of Isotachophoresis (Displacement Electrophoresis, Transphoresis)*, J. Chrom. **93**, 7-15 (1974).

T. W. Nee，等速電泳理論（置換電泳，轉泳），J. Chrom. **93**, 7-15（1974 年）。

[10] Tsu-Wei Nee and Robert Zwanzig, *Theory of Dielectric Relaxation in Polar Liquids,* J. Chem. Phys. **52**, 6353-6363 (1970).

Tsu-Wei Nee and Robert Zwanzig，「極性液體中的介電弛豫理論」，J. Chem. Phys. **52**, 6353-6363（1970 年）。

[11] Robert W. Zwanzig, *Nonequilibrium Statistical Mechanics*, Oxford University Press (2001).

Robert W. Zwanzig，「非平衡統計力學」，牛津大學出版社（2001年）。

[12] M. Lax, *Classical Noise IV: Langevin Methods,* Rev.Mod. Phys. **38**, 541-566 (1966).

M. Lax，經典噪聲 IV：「Langevin 方法」Rev. Mod. Phys. **38**, 541-566（1966 年）。

[13] D. E. Goldman, *"Potential, impedance and rectification in membrane"*, J. Gen Physiol., **27**, 37-60 (1943).

D. E. Goldman，「膜中的電位，阻抗和整流」，普通生理學雜誌，**27**, 37-60（1943 年）。

[14] A. L. Hodgkin, B. Katz, *"The effect of sodium ions on the electrical activity of the giant axon of the squid"*, J. Physiol., **108**, 37-77 (1949).

A. L. Hodgkin, B. Katz，「鈉離子對魷魚巨軸突電活動的影響」，生理學雜誌，**108**, 37-77（1949 年）。

[15] J. B. Marion, *"Classical Electromagnetic Radiation",* Reflection from a metallic surface, Fig. 6-6, Acadenic Press (1965).

J. B. Marion，「古典電磁輻射」，金屬表面的反射，圖 6-6，學術出版社（1965 年）。

[16] G. V. Chernyak, D. I. Sessler, *"Perioperative acupuncture and related techniques"*, Anesthesiology, **102**, 1031-1049 (2005).

G. V. Chernyak, D. I. Sessler，「圍術期針灸及相關技術」，麻醉學，**102**, 1031-1049（2005 年）。

[17] A. Lee, S. Chjan, *"Acupuncture and anaesthesia"*, Best Practice & Research ClinicalAnaesthesiology, **20**, 303-3149 (2005).

A. Lee, S. Chjan，「針灸和麻醉」，最佳實踐與研究臨床麻醉學，**20**, 303-3149（2005 年）。

[18] J. G. Lin, W. L. Chen, *"Acupuncture and analgesia: A review of its*

mechanics of actions", Am J. Chinese Medicine, **36**, 635-645 (2008).

J. G. Lin, W. L. Chen，「針灸和鎮痛：作用機制的回顧」，Am J. Chinese Medicine, **36**, 635-645（2008 年）。

[19] Baidu encyclopedia_acupuncture anesthesia，針刺麻醉 _ 百度百科 (baidu.hk)

[20] A. C. Ahn and O. G. Martinsen, "*Electrical characterization of acupuncture points: Technical issues and challenge*", J. Altern Complement Med. 817-824 (2007).

A.C. Ahn and O. G. Martinsen，「穴位的電特性：技術問題和挑戰」，J. Altern Complement Med. 817-824（2007 年）。

[21] H. G. Hong "Electrodermal Measurement of Acupuncture Points May Be a Diagnostic Tool for Respiratory Conditions: A Retrospective Chart Review", Medical Acupuncture, **28**, 137-147 (2016).

H. G. Hong「針灸穴位的皮膚測量可能是呼吸系統疾病的診斷工具」：回顧性圖表審查，Medical Acupuncture, **28**, 137-147（2016 年）。

[22] Y. Mori, G. I. Fishman, C. S. Peskin, "*Ephaptic Conduction in a Cardiac Strand Model With 3D Electrodiffusion*", Proc Natl Acad Sci USA. **105**, 6463-6468 (2008).

Y. Mori, G. I. Fishman, C. S. Peskin，「具有 3D 電擴散的心臟股模型中的觸電傳導」，Proc Natl Acad Sci USA. **105**, 6463-64688（2008 年）。

[23] K. Gurney, T. J. Prescott, J. R. Wickens and P. Redgrave, "*Computational models of the basal ganglia: from robots to membranes*", Trends Neurosciences **27**, 453-459 (2004).

K. Gurney, T. J. Prescott, J. R. Wickens and P. Redgrave，「基底神經節的計算模型：從機器人到膜」，Trends Neurosciences **27**, 453-459

（2004 年）。

[24] J. L. Puglisi, F. Wang, D. M. Bers, "*Modeling the isolated cardiac myocyte*", Prog. Bio. Phys. & Mol. Biology. **85**, 163-178 (2004).

J. L. Puglisi, F. Wang, D. M. Bers，「模擬分離的心肌細胞」，Prog. Bio. Phys. & Mol.Biology. **85**, 163-178（2004 年）。

國家圖書館出版品預行編目資料

神經信號生成和傳導的物理模型理論／倪祖偉
作. －－初版.－－臺北市：五南圖書出版
股份有限公司, 2023.06
面； 公分
ISBN 978-626-366-037-3（平裝）

1.CST: 物理學 2.CST: 神經學 3.CST: 神
經傳導

330   112005812

4B19

神經信號生成和傳導的物理模型理論

作　　者 ― 倪祖偉

發 行 人 ― 楊榮川

總 經 理 ― 楊士清

總 編 輯 ― 楊秀麗

副總編輯 ― 王正華

責任編輯 ― 張維文

封面設計 ― 陳亭瑋

出 版 者 ― 五南圖書出版股份有限公司

地　　址：106台北市大安區和平東路二段339號4樓

電　　話：(02)2705-5066　　傳　　真：(02)2706-6100

網　　址：https://www.wunan.com.tw

電子郵件：wunan@wunan.com.tw

劃撥帳號：01068953

戶　　名：五南圖書出版股份有限公司

法律顧問　林勝安律師

出版日期　2023年6月初版一刷

定　　價　新臺幣200元